疏勒河灌区信息化系统
升级耦合及应用研究

惠　磊　张宏祯　欧阳宏　孙栋元　著

黄河水利出版社

·郑　州·

内 容 提 要

本书以勒河灌区为研究区域,从灌区信息化系统功能、性能、安全与保障、数据流程、业务应用需求等方面,构建了灌区信息化系统升级耦合总体设计体系,提出了基于桌面云总体架构、云终端等灌区桌面云建设方案和信息超融合建设方案,全方位介绍了疏勒河灌区信息化系统升级耦合成果。

本书可供水利、农业、环保等相关专业的科研人员、技术人员、高等院校师生参考阅读。

图书在版编目(CIP)数据

疏勒河灌区信息化系统升级耦合及应用研究/惠磊
等著. —郑州:黄河水利出版社,2020.5
ISBN 978 - 7 - 5509 - 2655 - 4

Ⅰ.①疏… Ⅱ.①惠… Ⅲ.①灌区 - 信息化系统 - 研
究 - 甘肃 Ⅳ.①S274.2

中国版本图书馆 CIP 数据核字(2020)第 076321 号

出 版 社:黄河水利出版社 网址:www.yrcp.com
        地址:河南省郑州市顺河路黄委会综合楼 14 层 邮政编码:450003
发行单位:发行部电话:0371 - 66026940、66020550、66028024、66022620(传真)
        E-mail:hhslcbs@126.com
承印单位:河南承创印务有限公司
开本:787 mm×1 092 mm 1/16
印张:10
字数:243 千字 印数:1—1 000
版次:2020 年 5 月第 1 版 印次:2020 年 5 月第 1 次印刷
定价:56.00 元

前　言

　　水资源作为人类赖以生存和发展的自然资源,是支撑起有机生命系统的重要物质基础,同时是生态环境建设的控制因素,是社会文明进步的重要保障。尤其在干旱内陆河流域,水资源是维系绿洲生态系统和流域生态安全与经济社会和谐发展的决定性因素,同时是维持和保障绿洲灌区农业可持续发展的关键要素。随着社会、经济发展需要,以及新增人口对水资源的需求,从而造成用水量的增加,同时由于全球气候变化等造成的可用水资源量的日渐缩减,加之人类对水资源的不合理利用,不同的用户单位和部门(如工业、农业、生态环境等)之间的竞争也日趋激烈。经济的快速增长和人口的日益增加势必会加剧对水资源的开发利用,水资源的短缺和滥用已经严重威胁到干旱半干旱区域以及发展中国家的可持续发展,区域乃至全球可用水资源短缺以及相应的生态与环境等问题随之而来。因此,对水资源进行科学的规划与高效管理,实现区域水—经济—生态与环境系统的协调可持续发展。

　　在我国干旱半干旱的西北地区,农业用水在整个用水结构中占据着很大比例,因此要解决水资源危机,就必须加强对农业灌溉用水的高效管理。灌溉用水在人类对水资源的利用中一直占据总用水量的最大份额,对于水资源短缺的国家和地区而言,灌区在保障粮食安全,提高作物产量,促进国民经济和农业生产的可持续发展,调节、维护生态环境等方面发挥着重要作用。灌区不但作为我国粮食生产的基地,对保障我国的粮食安全具有十分重要的作用,而且担负着现代农业的推广、灌区生态的保护、向城市乡(镇)提供生活水源以及向企业工厂提供工业用水等任务。由此可见,灌区不但促进了我国农业的可持续发展,为我国的粮食安全提供保障,同时对促进我国区域经济的发展及灌区生态的保护也起到了不小的作用。因此,针对当前灌区农业面临巨大的挑战,如何提高灌区水资源管理水平,合理利用水资源,充分发挥水资源效益,全面提升灌区管理水平成为灌区发展中迫切需要解决的问题。信息化灌区为水资源综合管理、科学调配提供有效的数字基础和技术手段,使得水资源管理走上科学化、智能化、正规化道路。灌区信息化建设被认为是水利信息化建设最重要的组成部分,同时它是灌区现代化的基础和标志。灌区信息化大大提高信息采集和加工的准确性以及传输的时效性,做出及时、准确的反馈和预测,为灌区管理部门提供科学的决策依据,全面提高灌区管理的效率和水平,促进灌区实现科学管理和高效管理。灌区管理信息化能够实现灌区水资源的合理配置,提高用水的社会经济效益,极大地提高灌区用水管理的水平。

　　疏勒河灌区信息化系统工程于2008年建成并投入运行,该系统建成后,基本实现了灌区在水情、工情等方面的信息采集、传输和处理功能,为实现灌区水资源优化配置、统一调度、统一管理提供了技术支撑,初步实现了流域水资源优化调度的目的,为提高流域水资源管理水平和用水效率发挥了一定作用。随着近年来信息化技术的发展,2008年建成的疏勒河灌区信息化系统工程中原有的软件、硬件设备已经落后,大部分硬件设备已老化严重,部分软件系统运行条件与当前的信息化技术已不相适应,已不能满足当前水利信息化的发展要求。同时,近年来在疏勒河灌区又陆续建成了灌区斗口水量在线监测系统、昌马南干渠全渠道控制系统、双塔水库信息化管理系统等信息化子系统,这些信息化系统都亟待集成与整合,才能充分发挥好疏勒河灌区信息化系统工程的作用。2017年,按照《敦煌水资源合理利用与生态保护规划》疏勒河干流灌区项目建设要求,在疏勒河灌区开始实施《敦煌水资源合理利用与生态保护规划》疏勒河干流水资源监测和调度管理信息系统项目。本书依托《敦煌水资源合理利用与生态保护规划》疏勒河干流水资源监测和调度管理信息系统项目建设,全面升级、改造、完善原有的疏勒河灌区信息化系统,进一步集成、整合新建的各信息化子系统,形成"三个一"(一张图、一个库、一个门户)的新疏勒河灌区信息化系统,为灌区管理和水资源管理提供信息化保障,全面推动疏勒河现代化灌区建设。

全书共分5章。其中,第1章、第2章由惠磊、张宏祯、孙栋元撰写,第3章至第5章由惠磊、张宏祯、欧阳宏、孙栋元撰写。全书由惠磊、欧阳宏、孙栋元统稿。张宏祯审阅了全书,并提出了许多宝贵的意见与建议。本书主要是基于甘肃省水利科研与计划推广项目"疏勒河灌区信息化系统升级耦合及应用研究"(甘水科外发〔2019〕8号)的相关研究成果。在本书研究开展过程中,得到了甘肃省水利厅、甘肃省科学技术厅、甘肃省水利水电勘测设计研究院有限责任公司、甘肃农业大学等单位的大力支持和帮助,同时得到多位专家指导,在此表示衷心的感谢。

由于作者水平有限,书中不足之处在所难免,恳请广大读者批评指正。

作　者

2020年1月

目　录

第1章　绪　论

1.1　研究背景及意义

  水是生命之源,是人类赖以生存和发展的不可缺少和不可替代的最重要的物质资源之一,它在国民生活和国家经济建设之中具有非常重要的地位,也是当前生态环境当中非常关键和重要的一个环节,是实现可持续发展的重要物质基础,是一个国家综合国力的有机组成部分。水资源作为人类赖以生存和发展的自然资源,是支撑起有机生命系统的重要物质基础,同时是生态环境建设的控制因素,是社会文明进步的重要保障。作为国民经济和社会发展的生命线与保障线,作为保持和维护一个地区生态系统平衡的主要决定性因素,水资源的重要性已日益受到广泛关注。水资源问题是一个极端复杂的问题:在空间上,全球大量水资源分布在海洋和冰川,可利用的主要是地下水以及一些河流湖泊,同时存在区域分布不均的问题,我国呈现南方多、北方少的状况;在时间上,由于受季风因素、季节变化影响,一些地区夏季多雨,冬季干燥,水资源随时间分布不均。因此,一些干旱缺水的城市长期依赖单一地下水作为主要工农业和生活用水来源。从水资源总量分析,我国尽管拥有总量巨大的水资源量,但由于人口基数大,人均水资源严重不足。在对水资源的开发利用过程中,一方面是社会、经济发展需要,以及全球新增人口对水资源的需求,从而造成用水量的增加;另一方面是由于全球气候变化等造成的可用水资源量的日渐缩减,加之人类对水资源的不合理利用,不同的用户单位和部门(如工业、农业、生态环境等)之间的竞争也日趋激烈。在自然界中,水资源演化自身规律的复杂性,人类各种活动对水资源自然演化影响的日益加剧,导致水问题愈加突出。经济的快速增长和人口的日益增加势必会加剧对水资源的开发利用,水资源的短缺和滥用已经严重威胁到干旱半干旱区域以及发展中国家的可持续发展,区域乃至全球可用水资源短缺以及相应的生态与环境等问题随之而来。因此,对水资源进行科学的规划与管理以及合理高效的开发和利用关乎全球经济的发展和人类社会的和谐。

  我国水资源总量充裕,在世界各国中排名第六,但人均占有量相对贫乏,仅为2 200 m^3,相当于世界人均水平的1/4,在世界各国中居第109位,是世界上13个贫水国之一,预测到2030年,人均水资源占有量仅为1 760 m^3,全国缺水量将达到400亿~500亿 m^3,每年水资源的短缺将给我国农业以及工业造成重大的损失。再加上人们长期以来对水资源的过度开发利用,使得我国水资源危机进一步加剧。由于水资源有限,而且时空分布很不均匀,南多北少,东多西少;夏秋多,冬春少;占国土面积50%以上的华北、西北、东北地区的水资源量仅占全国总量的20%左右。近年来,随着人口增加、经济发展和城市化水平的不断提高,水资源供需矛盾日益尖锐,干旱缺水和水资源短缺已成为我国经济和社会发展的重要制约因素,而且加剧了生态环境的恶化。在我国干旱半干旱的西北地区,由于降水量少,蒸发量大,水资源短缺及生态环境脆弱使得水资源开发、利用和管理尤为重要。然而,在水资源开发利用过程中,普遍存在的问题是:一方面,大范围的水资源短缺已经影响到工农业生产和人们日常生活质量;另一方面,广泛存在的水资源盲目开发和不合理利用及其造成的环境危害进一步加剧了水资源危机。

由于我国特殊的地理位置、复杂的自然条件决定了农业发展对水资源的依赖性超过了其他国家,使得我国以占全世界6.4%的国土面积和7.2%的耕地面积,养育着全世界22%的人口,这其中灌区对农业生产的促进作用是巨大的。中国作为一个农业大国,农业既是国家稳定的基础,又是社会经济发展的先决条件。农业用水在整个用水结构中占据着很大比例,因此要解决水资源危机,就必须加强对农业灌溉用水的管理。灌溉用水在人类对水资源的利用中一直占据总用水量最大份额,对于水资源短缺的国家和地区而言,灌区在保障粮食安全,提高作物产量,促进国民经济和农业生产的可持续发展,调节、维护生态环境等方面发挥着重要作用。作为农业大国,我国的灌区控制面积十分广大,有不同数量的大型灌区、中型灌区和小型灌区。灌区面积约占全国耕地面积的40%,却生产了全国90%的经济作物和75%的粮食作物,因此灌区作为我国粮食生产的基地,对保障我国的粮食安全具有十分重要的作用。此外,灌区还担负着现代农业的推广、灌区生态的保护、向城市乡(镇)提供生活水源以及向企业工厂提供工业用水等任务。由此可见,灌区不但促进了我国农业的可持续发展,为我国的粮食安全提供保障,同时对促进我国区域经济的发展及灌区生态的保护也起到了不小的作用。由于灌区是人工-天然复合型系统,其发展必然受到资源、技术、经济水平以及人类活动的影响,这就不可避免地会有一些不可忽视的问题出现。主要表现为以下几个方面:一是随着社会的发展以及人口的快速增长,人类对粮食的需求也在不断增加,灌溉农业所承受的压力必然越来越大;二是由于灌区缺少资金以及技术支持,灌区工程老旧失修,造成灌溉面积不断萎缩,灌溉用水效率不断衰减;三是部分地区长期过度发展灌溉农业导致灌溉用水量急剧增加,破坏了灌区的生态平衡,使灌区水资源供需矛盾日益尖锐,同时缺少对水资源的保护,水污染问题日益严重;四是灌区信息管理水平仍然较为落后,缺少先进的技术手段,仍然采用手工管理的方式,造成了灌区信息共享困难,使灌区资源不能得到充分的利用。因此,当前灌区农业面临巨大的挑战,如何提高灌区水资源管理水平,合理利用水资源,充分发挥水资源效益,全面提升灌区管理水平成为灌区发展中迫切需要解决的问题。解决问题的出路在于科学的水资源管理,通过建立水资源管理信息系统可为水资源管理提供有效的数字基础和技术手段,在水资源管理中时空分布、各状态、各子系统间的相互作用关系相当复杂,信息量十分庞大,因而确定什么样的开发设计方式实现合理有效的管理信息系统显得尤为重要。正是因为水资源本身的复杂性,水资源管理问题也变得异常复杂,只凭借管理者的主观决策难以满足实际问题的需要。因此,只有借助信息化、智能化手段辅助管理,才能使水资源管理问题走上科学化、智能化、正规化。

随着信息技术的迅猛发展,数字化、网络化和信息化等技术也为水利建设带来了很大的发展机遇,将信息化技术引入水利建设,使水利事业由传统向信息化方向发展是加快水利建设的一项新举措。水利信息化既是水利现代化的基础也是它的重要标志,水利信息化是实现水利工作历史性转变的需要,水利信息化就是在水利全行业普遍应用现代通信、计算机网络等先进的信息技术,深入开发和广泛利用信息资源,包括水利信息的采集、传输、存储和处理,充分开发应用与水有关的信息资源,直接为防洪、抗旱、减灾、水资源的开发、利用、配置、节约、保护等综合管理及水环境保护、治理等决策服务,提高水及水工程的科学管理水平,全面提升水利事业活动的效率和效能。通过水利信息化,水利工作将从过去重点对水资源的开发、利用和治理,转变为在水资源开发、利用和治理的同时,更为注重对水资源的配置、节约和保护;将从过去重视水利工程建设,转变为重视水利工程建设的同时,更为注重非工程设施的建设;将从过去对水量、水质、水能的分别管理和对水的供、用、排、回收再利用过程的多家管理,转变为对水资源的统一配置、统一调度、统一管理。

灌区作为水利事业的一个分支,对其实施信息化建设必然成为水利信息化建设的重要内容之一。灌区信息化建设被认为是水利信息化建设最重要的组成部分,同时它是灌区现代化的基础和标志。灌区信息化就是充分利用现代信息技术,深入开发和广泛利用灌区管理的信息资源,包括信息的采集、传输、存储和处理等,大大提高信息采集和加工的准确性以及传输的时效性,做出及时、准确的反馈和预测,为灌区管理部门提供科学的决策依据,全面提高灌区管理的效率和水平,促进灌区实现科学管理和高效管理。灌区信息化是一个全面的管理系统,该系统由硬件和软件两个方面构成,硬件方面是指基于计算机、自动控制、信息网络技术的集信息采集、目标控制和信息传输为一体的集成化信息系统;软件方面则是指能使硬件发挥最大效用的,将信息整理、计算、分析,以实现辅助决策、科学调度的计算机应用软件系统以及相应的管理制度和管理方式的总称。灌区管理信息化能够实现灌区水资源的合理配置,提高用水的社会经济效益,极大地提高灌区用水管理的水平。信息化管理手段的提高能够系统有效地处理水费征收、水费管理等业务,提高了管理人员的劳动成果转化率,实现了灌区经济的快速发展。同时,可以将现有的灌区优化配水模型与多信息系统相结合,使灌区的管理部门可以对信息进行分析,进行水资源量的优化配水。

疏勒河灌区信息化系统工程于 2008 年建成投入运行,该系统建成后,基本实现了灌区在水情、工情等方面的信息采集、传输和处理功能,为实现灌区水资源优化配置、统一调度、统一管理提供了技术支撑,初步实现了流域水资源优化调度的目的,为提高流域水资源管理水平和用水效率发挥了一定作用。随着近年来信息化技术的发展,2008 年建成的疏勒河灌区信息化系统工程中原有的软件、硬件设备已经落后,大部分硬件设备已老化严重,部分软件系统运行条件与当前的信息化技术已不相适应,不能满足当前水利信息化的发展要求。同时,近年来在疏勒河灌区又陆续建成了灌区斗口水量在线监测系统、昌马南干渠全渠道控制系统、双塔水库信息化管理系统等信息化子系统,这些信息化系统都亟待集成与整合,才能充分发挥好疏勒河灌区信息化系统工程的作用。2017 年,按照《敦煌水资源合理利用与生态保护规划》(简称《敦煌规划》)疏勒河干流灌区项目建设要求,在疏勒河灌区开始实施《敦煌规划》疏勒河干流水资源监测和调度管理信息系统项目。本书依托《敦煌规划》疏勒河干流水资源监测和调度管理信息系统项目建设,全面升级、改造、完善原有的疏勒河灌区信息化系统,进一步集成、整合新建的各信息化子系统,形成“一张图、一个库、一个门户”的新疏勒河灌区信息化系统,为灌区管理和水资源管理提供信息化保障,全面推动疏勒河现代化灌区建设。

本书研究意义主要包括:一是贯彻落实水利“十三五”规划的根本遵循。《水利信息化发展“十三五”规划》是全国水利发展“十三五”规划的重要的专项规划之一,对于促进水治理和水管理能力现代化、加快推进治水兴水新跨越、切实提高水安全保障能力具有重大意义。《水利信息化发展“十三五”规划》总结了水利信息化存在的主要问题:①水利信息化基础设施区域发展不平衡,整合力度不够,整体支撑能力尚显不足;②水利信息资源共享困难,管控力度不够,开发利用效益不高;③水利业务与信息技术融合程度不深,业务协同不够,整体优势和规模效益难以充分发挥;④保障体系尚不健全,安全防护能力不足,距离水利现代化的要求还有差距。《水利信息化发展"十三五"规划》同时提出了水利信息化"三个一"(一张图、一个库、一个门户)的建设思路。《水利信息化发展"十三五"规划》中指出的问题在多年来疏勒河灌区信息化建设工作中均不同程度存在,因此需通过本书的研究,解决这些存在的问题,完成疏勒河灌区信息化系统的升级改造与嵌套耦合。二是疏勒河灌区水利信息化发展的迫切需要。疏勒河流域灌区信息化系统经过十几年的建设,取得了显著的成就。近年来,信息技术、计算机技术、网络技术飞速发展,2008 年就已投运的软件、硬件系统设备均已非常落后,硬件设备老化严重,软件系统性能迟滞,远不能满足水利信息化发展的新要求。另外,近几年又陆续补充或新增建设了一些相对独立的应用子系统,在实际运用中,这些信息系统分散建设模式所带来的问题逐渐显现:①业务应用系统数据库标准、来源不统一,数据融合困难,数据深加工难以实现,水利信息数据浪费严重,产生"信息孤岛"现象,导致数据共享困难;②部分系统重复进行地理信息基础功能的开发,但相互之间却难以共享;③不同业务应用系统开发环境、语言不尽相同,不同系统之间模块调用非常困难,导致服务难以共享。这些系统使现场的运行管理工作变得极为烦琐复杂,亟待集成整合到统一的信息化管理平台之上。因此,需通过本书的研究,对现有的疏勒河灌区信息化系统进行升级、改造、集成与嵌套耦合。三是疏勒河现代化灌区建设的必然要求。2017 年,甘肃省疏勒河流域水资源管理局(简称疏管局)党委提出了建设现代化灌区的发展目标,已初步编制完成了《疏勒河现代化灌区建设规划》,提出了以打造"智慧疏勒河"为目标,着力加强水利信息化建设,不断加强信息化建设和科学研究,打造数字化灌区、智慧化灌区,推进灌区现代化建设。按照"以现状为基础,整体规划,逐步建设和完善"的原则,建设与疏勒河灌区规模相适应、能促进灌区技术升级和提高灌区管理水平的疏勒河灌区信息管理系统。充分利用现代信息技术,布设必要的监测、预报、传输设备、设施,及时准确地掌握气象、水文、工情、水情、灌溉需求、市场信息等,以水利信息化支撑水利现代化。因此,需通过开展研究,进一步加强疏勒河灌区信息化建设,推动实现疏勒河现代化灌区建设目标。

1.2　研究的必要性

1.2.1　水利现代化发展对信息化的新要求

2018 年 2 月,水利部印发《加快推进新时代水利现代化的指导意见》(简称《意见》),围绕全面建设社会主义现代化国家的战略目标和重大任务,对加快推进新时代水利现代化提出了新目标、新任务、新举措、新要求。

《意见》提出,要全面贯彻落实党的十九大精神,以习近平新时代中国特色社会主义思想为指导,深入落实"节水优先、空间均衡、系统治理、两手发力"的新时代水利工作方针和水资源、水生态、水环境、水灾害统筹治理的治水新思路,以着力解决水利改革发展不平衡、不充分问题为导向,以全面提升水安全保障能力为目标,以加快完善水利基础设施网络为重点,以大力推进水生态文明建设为着力点,以全面深化改革和推动科技进步为动力,加快构建与社会主义现代化进程相适应的水安全保障体系,不断推进水治理体系和治理能力现代化,为全面建成社会主义现代化强国提供有力的水利支撑和保障。

《意见》强调，新时期水利发展应立足当前、着眼长远，突出抓重点、补短板、强弱项、夯基础，并从八个方面提出了加快推进新时代水利现代化重要举措。

一是大力实施国家节水行动，加快健全节水制度体系，建立健全节水激励机制，大力推进重点领域节水，加快节水载体建设，全面建设节水型社会。二是加快推进水利基础设施现代化，以重大水利工程和民生水利建设为着力点，完善大中小微相结合的水利工程体系，推动水利设施提质升级，构建系统完善、安全可靠的现代水利基础设施网络。三是强化乡村振兴战略水利保障，按照产业兴旺、生态宜居、乡风文明、治理有效、生活富裕的总要求，着力解决好乡村水问题，为农业农村发展提供水利基础保障。四是大力推进水生态文明建设，坚持节约优先、保护优先、自然恢复为主，加大河湖保护和监管力度，推进河流湖泊休养生息，实施水生态保护和修复重大工程，建设和谐优美的水环境。五是全面深化水利改革，推进水利体制机制创新，加快构建系统完备、科学规范、运行有效的水治理体系。六是提升水利管理现代化水平，强化依法治水管水，创新水利工程管理方式，加强基层水利行业能力建设，加快推进水利管理现代化。七是大力推进水利科技创新，瞄准世界科技前沿，强化水利先进技术和产品研发，加强水利基础研究，加强水利创新人才队伍建设，大幅提高水利科技创新实力。八是全方位推进智慧水利建设，建设全要素动态感知的水利监测体系、高速交互的水利信息网络、高度集成的水利大数据中心，大幅提升水利信息化、智能化水平。

疏勒河灌区信息化建设起步较早，多年来在灌区信息化建设与管理工作中取得了突出成效，初步实现了灌区水资源的有序调度和科学管理。近年来，随着信息技术的飞速发展，疏勒河灌区早期建设的信息化软件系统和硬件设备已比较落后，不能满足水利信息化发展的新要求，与现代化灌区的建设目标有一定差距。一是灌区信息化基础设施不完善，整体支撑能力不足。现有的灌区信息化系统在水资源信息的采集种类、调控手段、监测与监控范围、信息传输网络方面，在水资源的优化调度、配置管理和经济、社会、生态效益评价方面尚不完善，灌区内干、支、斗口仍有大量闸门没有实现自动开启，没有与用水需求、调度联动，与现代化灌区的要求存在较大的差距。同时，由于近年来信息化技术的发展，原有的软件、硬件已显落后，大部分硬件设备已老化，整体上已不能支撑现代化灌区建设与管理的要求。二是信息资源共享困难，亟待梳理整合。疏勒河灌区信息化系统建设之初，试验性地采用了多种方式的信息采集、传输、存储和处理方式。近年来又陆续补充或新增建设了一系列信息化项目，包括斗口水量监测系统、南干渠全渠道控制系统、斗口测控一体化系统、双塔水库信息化系统、水权交易平台、网络视频监视系统、雷达断面监测系统、综合试验站数据采集系统等。但这些系统基本保持各自独立，散布于各相关站所，在实际运用中，各项业务应用系统数据库标准、来源不统一，数据融合困难，数据深加工难以实现，水利信息数据浪费严重，产生"信息孤岛"现象，导致数据难以共享，不同系统之间模块调用非常困难，导致服务难以共享，亟待梳理整合。三是灌区信息化建设与"智慧灌区"的建设目标有较大差距。疏勒河灌区信息化建设虽然已经取得初步成效，为各项水利工作提供了重要支撑，但是与智慧城市、智慧交通、智慧电力等相比仍具有很大差距。差距不仅表现在对信息技术应用的范围和水平上，还表现在对大数据、云计算、物联网、移动通信等新一代信息技术的认知上，更重要的是表现在对传统水利向智慧水利转变必要性、重要性的认识上，需要奋起直追、迎头赶上。

1.2.2　农业农村现代化发展面临的新形势

党的十九大提出了实施乡村振兴战略,并将其列为决胜全面建成小康社会需要坚定实施的七大战略之一,强调"坚持农业农村优先发展,按照产业兴旺、生态宜居、乡风文明、治理有效、生活富裕的总要求,建立健全城乡融合发展体制机制和政策体系,加快推进农业农村现代化"。

《甘肃省乡村振兴战略规划》《中共酒泉市委、酒泉市人民政府关于全面推进乡村振兴战略的实施意见》和正在编制的《酒泉市乡村振兴战略规划》均指出,要坚持以习近平新时代中国特色社会主义思想为指导,全面贯彻党的十九大精神,加强党对"三农"工作的领导,坚持稳中求进工作总基调,牢固树立新发展理念,按照高质量发展的要求,建立健全城乡融合发展体制机制和政策体系,统筹推进农村经济、政治、文化、社会、生态文明和党的建设,加快推进乡村治理体系和治理能力现代化,加快推进农业农村现代化,早日实现乡村全面振兴和农业强、农村美、农民富的目标。

按照省、市乡村振兴战略规划提出的发展目标,结合疏勒河灌区实际,灌区内当前和今后一个时期农业农村现代化建设的主要任务:一是改造提升农业生产能力。全面落实永久基本农田特殊保护制度,严守耕地红线,加快推进农村土地整治和高标准农田建设,稳步提升耕地质量。大力实施高效节水灌溉工程,提高抗旱防汛防涝能力。拓展农业机械作业领域,充分发挥农业机械在集成技术、节本增效、推动规模经营中的重要作用。二是大力发展绿色、优质、特色农业。坚持质量兴农、绿色兴农,抓住全产业链构建、质量保证、品牌打造等关键环节,着力优化产业结构、产品结构、生产结构和区域生产力布局,推动农业由增产导向转向提质导向。推进现代农业产业园、科技园、创业园和田园综合体建设,大力发展以循环农业为主的现代农业。大力发展高效蔬菜、名优林果、现代制种、特色中药材等优势特色产业,构建以设施农业、生态农业、园艺农业、观光农业、规模养殖等为特色的现代农业产业体系,力争建成国家级绿色生态产业示范基地。三是积极发展新产业、新业态。围绕壮大区域经济,把现代产业发展理念和组织方式引入农业,延伸产业链,打造供应链,提高附加值,拓展农民增收空间。实施休闲农业和乡村旅游精品工程,大力发展乡村旅游。大力发展农村电商,着力推动产品上线,加快发展一批农产品电商平台和农村电商服务企业,加快与快递企业、农村物流网络的共享衔接,创新流通方式和流通业态。四是促进小农户和现代农业发展有机衔接。推动农业适度规模经营,发展多样化的联合与合作,鼓励通过互换承包、联耕联种等多种方式实现连片耕种,开展农超对接、农社对接,提升农户组织化程度,帮助农户对接市场、发展经营,把小农生产引入现代农业发展轨道。突出高标准农田、水利工程和仓储物流设施建设,加快改善农户生产条件,支持农户开展农业基础设施建设与管护,推动农业保险扩面、增品、提标,提高个体农户抵御自然风险能力。鼓励新型经营主体发展设施农业、精深加工、现代营销,扶持小农户发展生态农业、体验农业、定制农业,探索建立紧密型利益联结机制,带动专业化、标准化、集约化发展。抓好承包地确权登记颁证工作,探索"三权分置"多种实现形式,推进集体经营性资产股份合作制改革,实现"资源变资产、资金变股金、农民变股东",让农户更多地分享产权制度改革红利。五是推进第一、二、三产业融合发展。顺应产业融合发展的大趋势,通过产业融合渗透和交叉重组,促进产业链延伸、产业范围拓展和产业功能转变,形成新技术、新业态和新商业模式,带动资源、要素、技术、市场需求在乡村整合集成和优化重组,加快形成工农互促、城乡互补、全面融合、共同繁荣的新型城乡关系。发展农业生产性服务业,鼓励开展代耕代种代收、大田托管、统防统治、冷链烘干储藏等市场化和专业化服务。支持农产品精深加工发展,兴办产地加工企业,建设优势产区产地批发市场和直销店,推广农超、农企等产销对接。统筹推进农业与旅游、文化、体育、健康养老等产业融合。鼓励太阳能、生物质能、光伏发电与农村种植养殖技术创新和融合发展,全面推进农村绿色能源综合利用示范村建设。实施"互联网 + 现代农业"行动,推动信息化技术应用于农业生产、经营、管理和服务。六是统筹山、水、林、田、湖、草系统治理。严格落实国家生态安全屏障综合试验区各项部署,坚持开发与保护并重,落实自然保护区管理条例,积极推动自然保护区功能区划调整。全面落实河长制、湖长制,加强水生态保护、农村水环境治理和农村饮用水水源保护,实施农村生态清洁小流域建设和农村河塘清淤整治,科学划定保护红线和禁采区范围,严格管控地下水超采。实施山、水、林、田、湖、草生态保护和修复工程,落实"三禁"决定,切实保护林地、草地、水源等生态资源。加快实施重点生态保护工程,准确、全面把握河湖流域系统治理特点,建立完备的河长制、湖长制组织管理体系与绩效考核制度;建立健全湿地资源监测管理体制,实施湿地保护和恢复工程,科学布局和发展湿地生态旅游产业,尽可能减少开发建设与人为活动对湿地生态稳定与生态功能的影响;实行水资源消耗总量和强度双控行动,建立流域生态补偿制度和生态文明建设评价指标体系,落实生态文明考核追责制度。七是加快农村基础设施建设。继续把基础设施建设重点放在农村,对农村渠路、林田、水气、供电、物流、广播等开展全面普查调查,制订分年度新建改造提升计划,推动城乡基础设施互联互通。全面推进"四好农村路"建设,建立村组道路维护目标计划,分年度实施。落实好成品油消费税转移支付资金,用于农村公路养护政策。加快农村土坯房更新改造,全面消除农村危房。落实新一轮农村电网改造升级计划,积极争取实施光伏扶贫项目和农村煤改电政策,扩大太阳能、风能、沼气、秸秆气化等新能源在农村就地消纳量。八是全面深化农村改革。巩固和完善农村基本经营制度,落实好第二轮土地承包到期后再延长 30 年的政策。全面完成土地承包经营权确权登记颁证,实现承包土地信息联通共享。完善农村承包地"三权分置"制度,在依法保护集体土地所有权和农户承包权前提下,平等保护土地经营权。鼓励农业新型经营主体流转土地扩大经营规模,进行大机械化作业。全面推行农村资源变资产、资金变股金、农民变股东改革,全面盘活农村资金资源资产,壮大农村集体经济,增加农民财产性收入。全面深化水权水价改革,建立水权交易市场。深入推进集体林权改革,全面完成国有林场改革主体任务。做好农村综合改革、农村"放管服"改革等工作。

疏勒河灌区水利建设虽然取得了一定成效,但与农业农村现代化建设的要求相比,还存在不小差距。一是灌区总体用水水平不高,水资源供需矛盾突出。疏勒河灌区现状综合灌溉水利用系数比全国大型灌区平均水平略高,但与国内外先进水平相比,仍有较大差距。疏勒河灌区地处极端干旱区,水利是农业发展的命脉,目前灌区总用水量已达 10.71 亿 m^3,其中农业灌溉用水量 10.11 亿 m^3,农业灌溉用水量占总用水量的 94%,现状总用水量占灌区多年平均水资源总量的 94%。由于疏勒河已连续 10 多年为丰水年,故才得以保障目前灌区工农业生产、生活和生态用水需求。如果出现枯水年份,必然出现用水矛盾,严重影响农业生产。二是高新高效节水灌溉发展缓慢,农业水分生产率较低。灌区 90% 的灌溉面积为农村小户种植经营,由于高新高效节水灌溉资金投入较大、技术要求高,目前在农垦农场有部分集中连片推广,分散小户经营的农民对高新高效节水灌溉技术接受程度低,高新高效节水灌溉发展缓慢,导致农业水分生产率较低。三是水利建设与农业发展统筹融合程度较低,标准化、集约化、规模化发展不充分。多年来,水利、农业、国土、财政等多部门在农田水利建设方面多渠道投入,相互不能有效统筹兼顾,造成重复投资、低效投入较多。灌区内农田水利设施建设标准不一,配套不完善,标准化、集约化、规模化程度低,不满足农业现代化生产管理的要求。

1.2.3　灌区信息化是深入贯彻落实新发展理念的根本遵循

创新、协调、绿色、开放、共享的新发展理念,是我们党的重大理论创新成果,更是做好新时期水利工作的根本遵循。疏勒河灌区传统水利管理模式历史悠久,既形成了宝贵的管理经验,也存在着与当前经济社会发展不相适应的方面。需要以更高的眼界、更新的思路、更强的措施来规划灌区建设。建设现代化灌区,是对新发展理念内涵的延伸和继承,需要加快从传统治水思路向现代可持续发展治水思路的转变,完善水利设施,优化灌区管理,不断提高水利发展与经济社会发展的协调性,充分发挥水资源管理红线的刚性约束作用,着力提升灌区自然生态系统的稳定性和生态服务功能关系,需要进一步强化灌区服务能力建设,着力保障和改善民生,让广大灌区群众在共建共享中有更多的获得感和幸福感,朝着共同富裕的方向稳步前进。

1.2.4　灌区信息化是保障流域水资源可持续利用与优化调度的迫切需要

疏勒河流域降水稀少,水资源匮乏,灌区内传统的灌溉方式占主导地位,农业用水量占总用水量的90%以上。灌区内农业灌溉定额和工业用水万元产值耗水定额高,水的利用效率和效益较低,随着流域内经济社会的发展,工业化、城镇化和生态建设的需求,水资源供需矛盾日益突显。因此,需要通过建设现代化灌区,大力开展灌区节水,对水资源进行优化配置,实现从粗放用水向节约用水转变,从供水管理向需水管理转变,从局部治理向系统治理转变,全面提高水资源利用效率和效益,实现水资源高效利用和灌区可持续发展的目标。

优化调度是实施灌区水资源优化配置的保障措施。优化调度的前提是及时掌握灌区水资源、工程运行、作物需水要求、各用水户对水资源的需求、气象状况等灌区现状。由于灌区范围大、工程分散、分水建筑物多、区内气候及作物生长存在差异、降水时空分布很不均匀等,如果用传统的人工传递信息方法来决策调度方案,其结果为:灌区水资源调配将滞后于客观实际的变化,很难达到优化调配的程度。为了实现优化调配灌区水资源的目标,建设灌区水管理信息化系统将是十分必要的。

疏勒河灌区通过多年运行管理,已形成了较为完善的传统水利管理模式,但面对新形势、新任务、新要求,在灌区管理和服务工作中仍然存在诸多需要改进和提升的方面。一是水资源没有实现统一管理。目前,流域地下水和地表水没有实现统一管理,疏勒河干流地表水由疏管局管理,流域地下水和各支流地表水由各级地方水务部门管理,不利于对流域水资源的综合利用和有效保护。二是农业水价改革亟待加快推进。目前,国家对建立水资源等自然资源资产产权制度、推进水等领域价格改革提出了明确要求,出台了一系列政策。疏勒河灌区作为全国水权试点之一,已完成了水权确权工作,完善了灌区计量设施,建立了水权交易平台,初步形成了归属清晰、权责明确、监管有效的水权制度体系。但是在水价改革方面,尚未形成合理的水价形成机制,现行水价尚不能全面客观反映水资源的稀缺性和供水成本,难以激发用水户的自主节水投入和节水意识。需要大力推进农业水价综合改革,逐步建立健全合理反映供水成本、有利于节水和农田水利体制机制创新的农业水价形成机制,充分发挥价格杠杆作用,切实提高节约用水的内生动力。三是公益性人员经费和公益性水利工程维修管护经费未能足额落实。灌区管理单位编制内承担公益性管理工作人员经费、公益性水利工程日常维修养护经费和更新改造经费由省级财政补助,不能全额到位。公益性工程维修养护经费不足,水利设施一般通过重点项目建设予以更新改造,未能形成长效的维修养护和更新改造机制。四是基层水利管理体制机制创新不够,管理理念需要提升。灌区管理多年来沿用已有的传统管理体制机制,开展水权水价改革以后,用水户的责、权、利发生了较大变化,水权流转、水量分配等工作需要不断总结经验、创造新的管理办法,不能按部就班。随着灌区现代农业的逐步发展,用水需要会有新变化、新发展,对灌区的管理体制和管理理念提出了新的要求,水管单位必须创新管理体制机制,适应新形势的变化。

1.2.5 灌区信息化是促进区域经济社会实现高质量发展的重要举措

疏勒河流域位于内陆干旱区,水资源是区域经济社会发展不可或缺的首要条件和无法替代的基本保障。随着"一带一路"倡议的实施,疏勒河流域作为"丝绸之路经济带"甘肃黄金段的重要节点和国家生态安全屏障建设的重要组成部分,必须在提高水利发展的全面性、协调性和可持续性上有新突破,在保障城镇化、工业化、农业现代化进程中有新举措,更加精准有力地发挥水利基础支撑作用及对区域协同发展的先行引导作用。疏勒河灌区的水土、光热资源丰富,近20年来,通过疏勒河项目和"两西"项目移民,共安置移民11.8万人,为甘肃全省解决农村贫困人口温饱问题发挥了重要作用。通过建设现代化灌区,结合推进农业供给侧结构性改革,着力扩大和增强水利服务功能及服务水平,使水利改革发展成果进一步惠及灌区群众,助力甘肃省脱贫攻坚行动,促进经济社会实现高质量发展。

1.2.6 灌区信息化是保障流域生态文明建设的基础条件

水资源是生态系统的控制要素,水利是生态文明建设的核心内容。疏勒河灌区内部的防风林网、湿地等生态系统,主要靠疏勒河的水源补给。灌区周边分布的4个国家和省级自然保护区,均需要疏勒河水量的补给。因此,需要通过建设现代化灌区,牢固树立"绿水青山就是金山银山"的生态文明理念,把山、水、林、田、湖、草、路统一纳入建设现代化灌区范畴,开展综合治理,加快建设节水型、生态型灌区,切实尊重自然、顺应自然、保护自然,着力打造山清水秀、河畅景美的美丽灌区。

疏勒河流域的生态保护与建设已引起了各方面高度重视,随着《祁连山生态环境保护与综合治理规划》和《敦煌规划》的实施,流域内生态环境恶化的趋势得到了有效遏制,但生态保护与建设的任务仍然十分艰巨。一是上游冰川面积萎缩,水源涵养能力有所减弱。根据中国科学院寒区旱区环境与工程研究所的研究表明,疏勒河源头冰川雪线近10年来以年均10 m以上的速度退缩,并且表现出了持续加速的态势,上游生态环境十分脆弱,需持续加大保护力度。二是生态用水需求量大,供水要求较高。按照《敦煌规划》要求,每年从双塔水库下泄生态水量7 800万 m³,到达双墩子断面3 500万 m³,到达玉门关断面2 200万 m³,同时疏勒河灌区每年向玉门、瓜州两县(市)城区绿化和周边湿地输送生态水4 500万 m³以上。这些生态用水均需通过灌区水利工程设施输水,需求量较大,需要通过灌区节水、科学合理调度满足生态水量要求。三是灌区内部生态环境建设需要加强。灌区内部的防护林网是灌区的重要组成部分,对灌区的防风防沙和改善局部气候起着重要的作用,灌区林网大多没有专用的灌溉设施,仅靠汲取渠道渗漏水和地下水维持生长,在渠道硬化衬砌后,补给水源减少,林网树木生长受到影响。同时,双塔灌区、花海灌区的部分区域,地下水超采严重,地下水位近年来持续下降,已对生态环境造成一定影响。四是灌区农业面源污染不容忽视。长期以来,以"增产"为核心的农业发展模式导致灌区农业生产中过量施用农药、化肥、农膜,农业面源污染日益加重,已成为灌区内双塔水库、赤金峡水库水体污染的主要来源。一家一户分散经营的模式加剧了农业面源污染发生的时间、地点的随机性,排放方式与途径的不确定性,监测和控制的不易性。因此,必须把控制农业面源污染作为灌区水污染防治的重要工作任务来抓。

1.2.7　灌区信息化是支撑实施乡村振兴战略的重要保证

党的十九大提出了实施乡村振兴战略,强调要牢固树立新发展理念,按照高质量发展的要求,建立健全城乡融合发展体制机制和政策体系,统筹推进农村经济、政治、文化、社会、生态文明和党的建设,加快推进乡村治理体系和治理能力现代化,加快推进农业农村现代化。疏勒河灌区为酒泉市所辖的玉门市、瓜州县22个乡(镇)、甘肃农垦6个国有农场共156.7万亩(1亩=1/15 hm²,全书同)耕地提供灌溉供水服务,是全省主要的灌溉农业区。实施乡村振兴战略,实现区域内农业农村现代化,首先要建成现代化灌区,通过灌区现代化的发展,推动区域农业现代化发展,确保乡村振兴战略目标全面实现。

1.2.8　灌区信息化是精准灌溉和精细农业的必然要求

精准灌溉和精细农业要求必须实现水资源的高效利用,而要真正实现水的高效利用,仅凭单项节水灌溉技术是不可能解决的。必须将水源开发、输配水、灌水技术和降水、蒸发、土壤墒情、作物需水规律等方面统一考虑。采用遥感、遥测和遥控等新技术对灌区配水水情进行测量和控制,并由配水控制中心统一调度和管理,形成一个由灌溉网点组成的管理调度系统。实现按需、按期、按量自动供水,做到计划用水、优化配水,以达到节水灌溉和充分利用水资源的目的。同时,要重视和加强节水管理,要建立健全节水管理组织和技术推广服务体系,完善节水管理规章制度。

1.2.9　灌区信息化是实现灌区水资源高效利用与优化配置的需要

灌区水资源高效利用与优化配置的主要内容就是适时、适量地满足农作物的需水要求,并最大限度提高水资源的综合利用效益。过去,限于灌区落后的管理手段,习惯于编制静态配水计划。实践证明,静态配水计划很难使灌区水资源达到优化配置的程度。因此,推行动态用水计划是当今国内外水资源管理的发展方向。动态用水计划有两层含义:①是指水资源能够满足作物丰产灌溉的条件下,结合天气、工程、作物生长状况等变化因素制订出取水计划及配水计划;②是在水资源不能充分满足灌溉需要,即缺水的条件下,采用系统分析技术结合气象预报确定优化灌溉制度和取水配水方案。无论是前者还是后者,都需要及时掌握灌区工程运行状况、灌区内部水源条件、作物生长阶段对需水的要求、气象状况方面的信息,如果没有一套现代信息化系统,是无法实施的。

1.2.10 灌区信息化是灌区防汛抗旱与水费改革的需要

防汛抗旱是灌区管理工作的重要内容。灌区工程的防汛保安,除发生滑坡、崩塌等不可避免的工程问题外,实际上就是要实时监控灌区工程的水位现状,运用调度手段及时调整渠(库)水位,防止出现渠(库)水漫堤(坝)现象的发生,确保渠(坝)安全运行。在此种情况下,建设一套水位实时监控系统就更加需要了。从灌区抗旱的情况来说,灌区抗旱实际上就是水资源优化配置方案的严格实施过程,也就是要严格执行计划用水。抗旱期间,有经验的行政领导都十分关注各输水渠道交接处的水位值。灌区调度中心(或指挥中心)更需要及时了解各交接处的水位值。在管理手段落后的情况下,对各交接处水位值的观测与传递很难满足及时、准确的要求,给管理工作带来了极大的不便。只有建设水位实时监控系统,才能满足用水管理业务技术上的要求。

灌区水费改革是灌区经营机制转换的重要内容,是建立灌区良性运行机制的重要途径。水费改革的主要内容包括调整水价,使之逐步步入成本水价;改革计征办法,推行基本水费加按水量收费;改革征收方式,由委托式代收为管理部门直接征收等。为了确保水费改革目标的实施,不仅要求量水准确、及时,而且要求服务到位,即适时、适量地满足用户对需水的要求。在灌区范围大、涉及因素多的客观条件下,只有借助现代水管理信息化技术才能达到上述两项目标。

1.2.11 灌区信息化是监视灌区工程运行状况与现代化办公的需要

灌区工程具有线长、点多、面广、涉及因素多的特点,而灌区工程效益的发挥具有系统性,需要整个系统工程的正常运行。因此,灌区工程管理的一个重要任务,就是需要科学地监视灌区工程的运行状况,并将信息及时传输到灌区管理中心,这就需要建设一套实时监控系统,以担负灌区工程运行状况的监控任务。

由于受传统管理模式的束缚,许多灌区的管理手段是非常落后的,财务、经营、人事、劳资、后勤等方面的管理几乎还停留在原始手段上。随着信息技术的发展,计算机网络技术的普及与应用,原始的办公设施、传统的手工记账方式、低效率的算盘财务,已经远远不能适用现代社会发展的要求。实现灌区办公自动化,不仅是纵向联系及横向交流的需要,也是建设灌区水管理信息化系统的需要。为了提高灌区水管理信息化系统的应用效果,增强灌区内部各职能部门的信息交通是非常必要的。通过信息技术、计算机网络技术将灌区内部各职能部门联系在一起,既可以做到数据、信息、资源、成果共享,还可以利用计算机技术开发人事管理软件、水管理软件、工程档案管理软件、财务管理软件,建立财务电算、账务管理、报表管理、工资管理、生产成本分析、供水收费管理、经营管理、固定资产管理等系统;不仅能大大提高办事效率,而且能提高灌区水管理水平。

1.3 国内外研究现状

水资源管理信息系统是综合运用计算机、水文水资源、地理信息系统、网络通信等多方面技术,将基础信息的采集与管理、区域水资源规划与利用、局部地表水与地下水的数值模拟、可视化图形显示界面等融为一体,在整理分析现有资料的基础上,集成的综合管理信息系统。水资源管理系统可实现基本信息查询、水量水质计算、水环境的监测与控制、自动预警等功能,为水资源的合理配置和优化管理等决策提供技术支持服务。水资源管理信息系统是由管理信息系统、GIS、决策支持系统等集成的复杂的综合系统。灌区信息化系统是一个集适用性与先进性、开放性与标准化于一体的易学、易用、易维护的现代化平台。在满足适用性的前提下,把水资源管理过程中先进的新思想、新方法融入系统开发中,做到图形与数据融合、GIS 与模型相结合,把科学计算的结果和决策通过人机对话的形式表现出来。灌区信息化系统的建设和开发应根据实际情况分步骤、分阶段实施,要考虑到今后的升级和不断完善,因此宜采用开放式结构,严格按照国家标准和行业规范或通用做法进行平台建设、代码编码、数据库开发、计算分析、效果评价和系统集成等,保证其具有良好的扩展性;同时以服务用户为目标,设计友好的操作界面,直观、简单的操作方法,便捷的维护与管理,为不同层次的用户服务。

1.3.1　国外研究现状

信息化、高效化一直是发展发达国家灌溉水管理发展的目标,它们普遍将计算机技术、自动控制技术、系统工程技术、信息技术、地理信息系统等应用到灌溉水管理中,以实现水资源的合理配置和灌溉系统的优化调度为目的,并利用这些技术实现集动态数据获取、数据传输、数据处理、数据分析决策、信息反馈与决策为一体的灌区实时监控的优化调度方案与调度系统。灌区用水管理系统方面,已逐步转向将数据库、模型库、知识库和地理信息系统有机结合的灌区节水灌溉综合决策支持系统的研究。在灌区用水管理中,综合各种预测技术、优化技术的灌溉用水计算机管理系统已开始在全球灌区大面积应用,使灌区的灌溉用水实现了由静态用水到动态用水的转变,为提高灌区水资源的利用率提供了技术保障。为实现优化配水的要求,应用计算机技术的渠道水量、流量实时调控的研究也在国际逐步兴起。

美国、加拿大等发达国家的灌区管理机构非常重视对灌区基础数据的采集和整理。灌区渠系、闸门、水文监测站、用水户等基础数据一般都由计算机管理,并存储在数据库中。发达国家在灌区灌溉管理所需的软件的标准化和通用程度方面做得较好,研发了大批用于灌区灌溉管理的通用软件。国际粮农组织为推进灌溉计划的管理开发了“灌溉计划管理信息系统”,这个系统是一个通用的、模块化的系统,具有适用性强、操作简单、多语言等特点。由于各个国家与地区的气候条件、农作物等因素,统一的软件不具有针对性,无法发挥信息化的优势。因此,各个国家与地区根据所在区域的灌区管理特点,先后开发出了多种具有不同功能、适用于地方灌区的管理软件系统。美国加利福尼亚州水资源管理部门针对当地灌区的水资源利用情况开发了加利福尼亚灌区管理信息系统。该系统是一个具有决策支持功能的专家系统,建立的决策模型利用采集到的气象观测站长期观测资料,进行了作物产量和作物需水量过程的模拟仿真,实现土壤盐分和水分胁迫对作物产量影响的预测模型。该模型比较全面地反映了佛罗里达州的气象条件,从而能够向用户提供不同类型的渠系配水方案,对各种供水决策从生产率公正性、效率等方面进行综合评价,在加利福尼亚州得到了广泛的应用。美国密歇根州大学水资源系的 Bartholicj 和 Vienx B 研制了美国密歇根州内陆水环境管理系统,结合空间信息系统和有限元法,建立密歇根州数据库,为广大的水资源管理者提供决策信息。美国 Charles 等基于美国国家水井协会对美国地下水的调查资料,开发了国家地下水水文地质数据库,它是计算机地下水模拟决策支持系统的一个部分,该系统收集了全国 400 多个试验场的水文地质参数,可计算出各地的水力传导系数、渗透系数、饱和度和含水层顶板埋深。R. N. Palmer 等和 P. Palmer 等先后研制了功能相近的 SID 和 WMS(旱情管理计划专家系统)。这两个系统都具有能够进行旱情管理计划信息的估计和可视化,用户可以根据以往工作经验,判别现今旱情与过去的类似程度,利用线性规划模型制定最优水量调度决策。有些灌区的管理范围大,通过卫星遥感数据能够快速获得遥感信息,Raya 等基于 RS 和 GIS 技术手段设计了一种计算作物蒸发蒸腾量的方法,用来计算印度 MRBC 灌区渠系灌溉范围内的作物蒸发蒸腾量,并进行灌区配水管理。美国佛罗里达大学针对佛罗里达州的农业特点、气候条件、灌区标准开发了 AFSIRS 系统,该系统在分析作物类型、土壤情况的影响计算作物需水量基础上,同时结合生长季节、气候条件、灌溉系统、管理方式等因素,估算出对象区域的灌溉需水量。该系统收集了 9 个气象观测站的长期观测资料,并利用仿真技术进行数据模拟研究,建立了能够比较全面反映佛罗里达州气象条件的数学模型,为佛罗里达州内的灌区管理提供了指导依据,实现了广泛应用。Malaterre 等研制的 SIC3.0 软件是一种模拟仿真系统,该系统由用户界面、地貌模块、均匀流模块和非均匀流模块四部分组成,实现了灌区渠道自动化的模拟,解决了灌溉渠系水流达西定律模拟问题,该系统的仿真模型在多个灌区管理中都得到了较好的应用。同时,墨西哥 Begonia 灌区中也基于 SIC 软件实现了具有优化配水功能的灌区管理系统。在墨西哥的灌区管理中还有 Martinet 等开发的 EXPERD 系统,该系统提出的配水方案能有效地减少了渠系水量损失,提高了渠系水利用系数,取得了较好的节水效果。澳大利亚的 Richards 等开发了水文灌溉管理信息系统,该系统中建立了 ozcot 棉花生长模型,并在 7 个农场中进行模型的验证试验,最后利用水文管理软件实现了全方位提高棉花的水分利用效率的优化灌溉模型,在一定程度上提高了棉田的效益。英国地表水模型专家 W. Robin 和 B. Jonathan 提出了一种基于潜在评价的优化方法,能够通过建立复杂的配电网络来提高灌溉水管理系统的运行效率,该优化方法的目的是最大限度地对作物生产水资源进行适当的配置,利用二次规划方法保持不同灌溉计划下不同单位方案的用水公平。德国学者 Muhammad 等利用了随机优化的水资源管理模型进行了梧桐河流域灌溉系统的优化配水方案的研究。同样在德国也有将地理信息技术与遥感技术相结合进行灌区内土壤墒情的分析,从而为灌区的优化配水提供决策基础支持。

1.3.2　国内研究现状

我国水资源管理信息化起步较晚,进入 20 世纪 90 年代,随着计算机技术的飞速发展,许多功能较完善,操作较简便的 WRMIS 不断被开发。例如,开发了实时水情、雨情的信息采集和上报传输体系,建成了"国家水文数据库"。为了便于对水资源信息管理系统的研究,在洪水预报信息系统方面也取得了一定成就。1995 年,我国建成了覆盖全国的水情计算机广域网,用于对重点防洪省(自治区、直辖市)和七大流域机构的防汛抗旱工作进行管理。近年来,我国水资源管理机构对水资源信息化越发重视,信息化水平也进一步提高。水利部在水利发展"十二五"规划中,明确提出了"十二五"水利改革发展的六项主要任务,其中有一项是:"全面加强监测、科研、管理等基础设施建设,大力推进水利信息化建设,全面强化水利管理"。1991 年,许迪建立了县级农村水利现状及发展预测信息数据库系统,以汉字 Dbase + 为其语言存储我国大约 1 900 个县农村水利概况、水利水保工程概况、水资源利用现状和经济效益等方面的信息内容,为全国农村水利工作的宏观决策和规划研究提供了大量有益的数据信息和统计资料。1994 年,河北地质学院李铁峰等研制出了大同市水资源数据库与管理系统,应用汉化 Foxbase + 关系型数据库系统建立大同市气象水文、基础地质、水文地质、开发利用、供需分析、水质污染及图形 7 个方面的数据文件,提供文件管理、数据维护、信息检索、打印输出、统计计算、图形与绘图等功能。宋松柏以应用汉化 Foxbase + 数据库系统研制了我国灌区的通用水文数据库管理系统,包括录入模块、维护模块、检索模块和打印模块,对河流水库水文资料、地下水资料、渠系测水资料进行存储,可完成数据录入、数据维护、检索、资料整编及图形制作功能。赵颖娣以宝鸡灌区地下水动态资料为基础,利用 Visual Foxpro 6.0 可视化语言与 Access 97 关系型数据库,开发研制灌区地下水动态信息管理系统,不仅对灌区地下水埋深、水温、降水量和蒸发量等动态信息进行收集、存储与编辑处理,还建立频谱分析模型和灰色系统模型动态预测模块对地下水埋深和水位进行预测。中国农业大学中国农业水问题研究中心的刘杰以可视化编程语言 Visual Basic 6.0 研发了石羊河流域的 WRMIS,不仅科学地存储了流域水资源相关信息,并且收集和整理了大量珍贵试验数据,使该流域水资源管理工作进一步规范化,避免重复作业,有效地提高了流域管理效率。2006 年,王先甲等研发了玛纳斯河灌区分水、配水管理信息系统,在保证系统可以长期广泛适用的前提下将整个系统分为权限管理、水源预测、分水计划、配水、数据查询五个模块,完成来水预测,各团场调节水与河泉水的分配计算很好地解决了灌区分散的水源与分散的用户在用水时空上的冲突。王宝忠利用 GIS 强大的空间信息采集、分析、管理、存储、模拟、更新、决策和预测能力对灌区基础信息系统进行了分析设计,建立了以数字化、系统化和可视化为主要特征的信息化系统,使灌区水资源得到高效利用,有效地缓解了灌区水资源的供需矛盾。汤巧英开发的灌区自动化监控和管理系统,通过雨量计、水位计等采集数据,再将 GPRS 终端 MDevice、GPRS 网络和 M-serve 无线通信服务软件协同完成数据的传输、入库,通过 ADO. NET 整编数据建立综合数据库,通过 NET 技术,实现用户利用浏览区对信息平台的访问、信息查询、打印报表等,该系统还能实现地理信息系统的查询功能。2009 年,王小笑等开发了基于 WebGIS 的江西水资源管理系统,实现了对水资源的取水、用水、供水及水资源的保护与调配等一系列功能的合理管理,并结合 GIS 技术实现了信息空间的可视化分析处理。王树东等设计和开发了基于 GPRS 技术和 PLC 的闸门监控系统,采用以 PLC 为核心的开放、分层分布式计算机监控系统,综合应用了数据自动采集、远程控制、网络通信、数据存储与处理等技术,实现了现场控制层设备、远程监测层设备和操作人员终端相互之间的无线网络连接,为闸门的远程监控提供了一种新的技术手段。林向阳设计开发了基于嵌入式的灌区用水监测与信息接收系统,将 GSM 技术运用到灌区远程监控中,实现了灌区水情信息(包括明渠水位、土壤墒情等)的远程传输和综合管理。许燕开发的基于 CAN 总线的灌区气象数据采集处理系统,将 CAN 总线技术、传感器技术、A/D 转换技术、MSP430 单片机技术、数据库技术等应用到灌区气象信息的接收处理上,实现了灌区气象数据的快速、精确、稳定的采集与处理。2011 年,叶剑锋等建立了基于混合系统架构的新疆南疆地下水资源信息系统。潘峥嵘等设计了基于 GPRS 的灌区水资源远程监控系统,该系统综合了信息自动采集、太阳能、远程监控等技术,通过多传感器技术实时在线监测灌区水位、流量等水情信息,并将监测到的信息通过 GPRS 及 Internet 网络平台传送至远程监控中心,通过监控中心的现代化、智能化的技术支持平台对灌区水资源进行自动控制和优化配置及调度,实现了灌区水资源信息采集、传输、处理的自动化、无线化,提高了灌区的数字化管理水平。王光亮将邮件系统应用到灌区的办公化自动系统(OAS)中,以 Visual Studio 2008 为开发平台,融合了网络技术、ASP. NET 技术,利用 Microsoft SQL Server 2008 对系统的数据库进行设计和管理,为灌区开发了界面简洁、功能完善的邮件服务系统。赵九洲提出了基于 Android 的灌区管理信息系统,将日益普及的智能手机与基于 RIA 的 WebGIS 技术相结合,利用智能手机的便携性及其强大的功能即时采集灌区需要灌溉区域的信息,同时灌区管理当局可以通过智能手机为灌区农民提供帮助和指导等信息服务;该系统能够快速美观地展示移动设备端采集的灌区信息,帮助管理者快速做出决策,从而提高灌区的灌溉管理效率。符少华研究的基于 ARM 的灌区用水过程图像采集与无线传输终端,以 ARMS 嵌入式微处理器 S3C2440 为主控制单元,结合 CMOS 摄像头、GPRS 无线通信技术,实现了灌区用水过程图像信息的定时采集与无线传输。

国内的灌区信息化建设起步较晚,但发展速度很快。2002 年,水利部农水司发布了《关于开展大型灌区信息化建设试点工作的通知》。在全国范围内进行了灌区信息化的试点工作,将灌区的信息化要求正式形成了文字标准,国内灌区信息化正式走上了轨道。顾世祥等将各决策支持系统应用在霍泉灌区灌溉管理中,建立了灌溉模型库,开发研制了霍泉灌区决策支持系统,该系统灌溉模型充分考虑了充分灌溉与非充分灌溉条件两种情况下不同作物、土壤类型、气候条件的影响,根据土地利用情况进行作物田块的划分,然后进行土壤墒情的逐日数值模拟,预测各个作物田块的灌水日期和灌水量,制订动态渠系配水计划。陈兴等建立的江苏省淮安市洪金灌区管理信息系统将地理信息系统、管理信息系统和决策支持系统三个系统进行了有效的结合,在恒定非均匀流数学模型基础上,利用闸孔出流计算公式,建立了主要干渠上闸门不同开度情况下的水位流量计算模型,实现水量的模拟监测。在引黄灌区中,马建琴等研制了基于水量订单制度下黄河下游灌区水资源实时管理软件,该系统根据土壤墒情、雨水资源及天气情况影响因素进行作物需水量的预测。在水资源的优化配置方面,根据灌区内用户的实时水量订单模型进行分析,完成了灌区的优化配水模型,并设计开发了渠村灌区水资源管理信息系统。马乐平等以西北干旱地区疏勒河灌区为研究区域,利用数据库动态访问技术,建立了灌区灌溉进度数据库,进行灌区用户配水管理,并开发了灌区管理信息系统,实现了灌区信息的采集、传输、处理与分析配水管理等。乔长录等利用神经网络建立了灌区地下水位等水文信息的预测模型和基于动态规划的配水分析模型,并利用 Matlab 建模工具建立了神经网络、动态规划计算模型,然后采用动态链接库访问技术实现了 Matlab 与 ArcEngine 的无缝结合,建立径惠渠灌区管理系统,并实现了基于三维可视化的灌溉仿真模型。王明新等把 RS 影像作为系统的数据来源,利用土壤墒情反演公式,获取灌区内土地利用类型和土壤含水率,与 GIS 技术结合计算得出灌区需水量,生成灌区作物需水专题图,为灌溉提供数据支持。根据以上分析,国内外灌区研究主要方向分为三种:一是从灌区作物需水量出发,解决作物在重要需水时期的灌溉水量计算功能;二是计算灌区渠系的优化配水模型,利用灌区的来水需水情况建立目标函数进行分析求解,解决灌区管理过程中的水资源分配问题;三是将 RS 技术与 GIS 技术相结合实现灌区管理。2008 年建成的疏勒河灌区信息化系统,是国内首次建立的大型自流灌区水资源一体化集成管理系统。系统包括三大水库联合调度系统,地下水三维仿真系统,洪水预报调度系统,灌区闸门监控系统,灌区水量采集系统和信息发布与业务查询、报表系统(办公自动化系统)等六大系统。疏勒河灌区信息化系统建成后,初步实现了疏勒河灌区水资源的有序调度和科学管理,为灌区信息化发展打下了良好的基础。随着信息化和自动化技术的不断发展,疏勒河灌区原有信息系统已不能实现系统的集成与整合,迫切需要提升与改造现有系统来适应现代化灌区建设的需要。

1.4　研究目标与内容

1.4.1　研究目标

以水利部《加快推进新时代水利现代化的指导意见》《水利信息化发展"十三五"规划》《水利信息化顶层设计》等为指导,依托《敦煌规划》疏勒河干流水资源监测和调度管理信息系统项目建设,坚持问题导向,深入研究实现灌区信息化、智能化管理的方式方法,坚持统筹规划、协调有序推进,实施顶层设计、统一技术架构,强化资源整合、促进信息共享,完善体制机制、保障良性发展,按照"一张图、一个库、一门户"的水利信息化要求和原则,充分利用已有信息化资源并结合前沿信息技术,建设集数据汇聚、存储、交换、分析、服务为一体的水利信息支撑平台,高效整合和优化配置信息资源,在此基础上实现全景监控、统一管理、科学决策、优化调度、分析评估等智慧应用,构建涵盖疏勒河全灌区的统一信息管控平台,使水资源调控统一可靠、安全防护及时可控、工程运管精细高效、信息服务便捷畅通,达到"采集自动化、传输网络化、集成标准化、管控统一化、决策智能化"的目标。

1.4.2　研究内容

1.4.2.1　灌区信息化系统升级耦合需求分析研究

灌区信息化系统升级耦合需求分析研究包括对现有灌区信息化系统现状分析研究;灌区运行管理现状及需求分析研究;灌区信息化系统存在的问题分析研究;水利信息化发展趋势分析研究;灌区信息化系统的用户需求、功能需求、性能需求、安全与保障需求及管理业务流程、数据流程、综合应用等方面的分析与研究。

1.4.2.2　灌区信息化系统升级耦合总体设计研究

通过前期的升级改造及耦合需求分析研究,提出疏勒河灌区信息化系统升级耦合总体设计思路,明确系统升级耦合的总体框架和系统总体网络架构,分析研究提出系统升级耦合后的总体功能,研究确定系统的业务流程和数据流程及安全保障体系,为《敦煌规划》疏勒河干流水资源监测和调度管理信息系统项目建设和疏勒河现代化灌区建设规划提供前期工作技术支撑。

1.4.2.3　灌区信息化系统耦合建设及应用研究

重点研究现地测控站点的布设方式及必要性、合理性,在完善各类现地测控点的基础上,建立水信息综合管理系统;进一步建设和完善数据传输链路,将各监测点、监控点采集的数据通过相应的管理段、站、所汇聚到信息中心;完成 8 个应用软件系统的开发、升级和集成耦合,包括水信息综合管理系统、地表水资源优化调度系统、地下水监测系统、闸门远程控制系统(集成)、网络视频监视系统(集成)、水权交易系统(集成)、综合效益评价系统、办公自动化系统;完成系统集成与数据共享建设,包括斗口水量监测系统、昌马南干渠全渠道控制系统、24 个斗口测控一体化系统、双塔水库信息化管理系统、水权交易平台、现有各水库及各干渠主要分水口网络视频监视系统、16 个雷达监测断面信息等相关内容。

第 2 章　研究区概况

2.1　自然地理概况

疏勒河灌区位于甘肃省河西走廊西端,疏勒河中下游地区,地处东经 94°50′~98°28′,北纬 39°32′~40°56′,东起玉门市花海农场,西至瓜州县西湖乡,南起祁连山北麓的昌马水库,北至桥湾北山、饮马北山,为一狭长地形,灌区由昌马灌区、双塔灌区和花海灌区三个子灌区组成,供水服务范围包括玉门市、瓜州县 22 个乡(镇)、甘肃农垦 6 个国有农场,总灌溉面积 156.7 万亩。灌区属典型的内陆干旱性气候,降水稀少,气候干燥,蒸发强烈,日照时间长,四季多风,冬季寒冷,夏季炎热,昼夜温差大。多年平均气温 7.1~8.8 ℃,极端最低气温和极端最高气温分别超过 -30 ℃和 40 ℃。降水主要集中在 5~8 月,占全年降水量的 70%,多年平均降水量约 60 mm,年蒸发量在 2 500 mm 以上。灌区地表水资源总量为 10.66 亿 m³,与地表水不重复的地下水资源量为 0.73 亿 m³,水资源总量为 11.39 亿 m³,单位面积水资源量仅为全国平均水平的 1/12,水资源量稀少而弥足珍贵。一直以来,疏勒河是滋养玉门、瓜州和敦煌绿洲的唯一水源,十分珍贵的水资源是区域内人民生产生活、经济社会发展、生态环境建设无法替代的根本保障。

昌马灌区位于河西走廊西端的疏勒河中游,昌马洪积扇西北部,总体地势南高北低,东高西低,海拔高度 1 300~1 400 m。灌区为一完整的盆地,南有祁连山,西有北截山,北有桥湾北山、饮马北山,东有干峡山,灌溉面积 79.11 万亩。盆地内地形开阔、平坦,昌马洪积扇戈壁砾石平原坡降为 10‰~15‰,细土平原坡降 3‰~5‰,疏勒河沿砾石倾斜平原东部边缘自南而北流入细土平原,在饮马农场西北侧折向西流入双塔水库。

双塔灌区位于疏勒河下游的瓜州盆地,东起双塔水库,西至西湖乡,南抵截山子,北靠312 国道,东西长约 125 km,南北宽 4~40 km,为一东窄西宽的楔形冲湖积平原。整个地势东高西低,南高北低,海拔高度 1 100~1 250 m,地面自然坡降 1‰~5‰,地势平坦开阔,灌溉面积 57.46 万亩。区域地貌可分为低山丘陵区及盆地平原区。低山丘陵区分布于灌区以南的北截山区,海拔高度 1 250~1 526 m,相对高差 50~150 m,山体宽 4~10 km,冲沟发育,沟底狭窄。盆地平原区分布于瓜州盆地及南北两侧的戈壁,灌区所属的干渠、支渠等建筑物均处在瓜州盆地平原区中的冲洪积微倾斜平原与冲湖积细土平原区内,两平原区地形平坦开阔,切割微弱,地面由东向西倾斜坡度为 1‰~2‰。

花海灌区位于石油河下游的花海盆地,南靠宽滩山北麓戈壁,北接马鬃山前戈壁,西邻昌马灌区青山农场,东与金塔县接壤,灌溉面积 20.13 万亩。花海盆地地属河西走廊北盆地系列的花海鼎新盆地,其南北两侧为低山丘陵,西侧经红山峡、青山峡与玉门盆地相连,东侧以断口山洪积扇轴与金塔盆地相邻。盆地内地势南高北低,西高东低,海拔高度 1 425~1 210 m。疏勒河灌区地理位置见图 2-1,疏勒河灌区地形地貌见图 2-2。

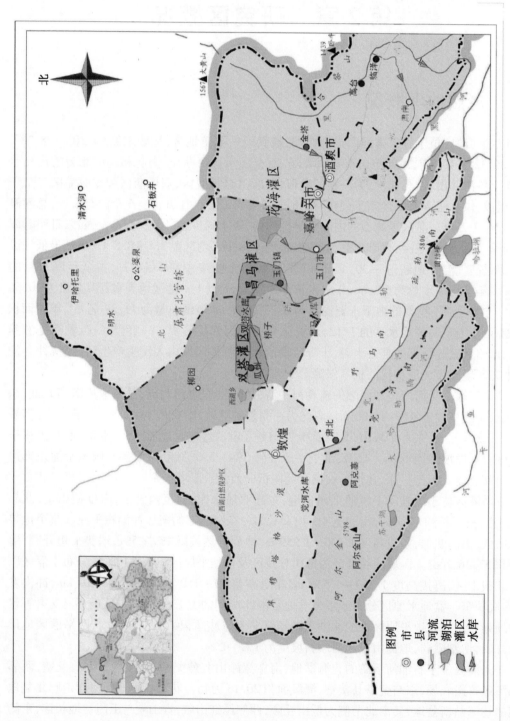

图 2-1　疏勒河灌区地理位置

图 2-2 疏勒河灌区地形地貌

疏勒河流域是甘肃省三大内陆河流域之一,位于河西走廊最西端,主要支流有党河、白杨河、石油河、小昌马河、榆林河及阿尔金山北麓诸支流。流域范围包括酒泉市下辖的玉门市、瓜州县、敦煌市、肃北县、阿克塞县及张掖市肃南县一部分,流域面积 17 万 km²。疏勒河流域水系见图 2-3。

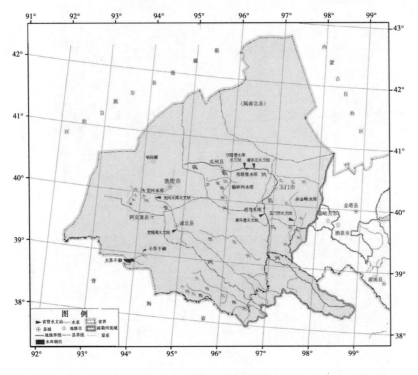

图 2-3　疏勒河流域水系

疏勒河干流发源于祁连山西段的讨勒南山与疏勒南山之间,河流自东南流向西北,汇高山积雪、冰川融水及山区降水,至花儿地折流向北入昌马盆地,称昌马河。过昌马峡后进入走廊平地,漫流于冲洪积扇,河道呈放射状,水流大量渗漏成为潜流,至冲积扇前缘出露形成(头道沟—十道沟)10 道沟泉水河,诸河北流至布隆吉汇合为疏勒河。于玉门(镇)市转向西行,经双塔水库,过安西盆地,至敦煌市北,党河由南汇入,再西流注入哈拉湖(又名黑海子、榆林泉)。疏勒河花儿地以上流域面积 6 415 km²,河长 234 km,由于花儿地以上山巅终年积雪,并有现代冰川分布,是该河流径流的主要补给区。花儿地至昌马堡两岸光山秃岭,植被较差,水土流失较为严重,是泥沙的主要源地,昌马堡以上流域面积 10 961 km²,河长 334 km,河道平均坡度为 6.0‰。昌马堡下游为走廊平原区,大量河水被用于疏勒河灌区农业灌溉,是河水的主要消耗区。

2.2　社会经济概况

疏勒河干流灌区内有汉、回、满、藏、土、东乡等多民族居住。据 2016 年资料统计,疏勒河灌区总人口 25.38 万,其中城镇人口 9.40 万,农村人口 15.98 万,城市化率 37%,灌溉面积 156.7 万亩,有大牲畜 2.14 万头,小牲畜 84.37 万只。地区生产总值 158.03 亿元,其中第一产业 24.00 亿元,第二产业 71.32 亿元,第三产业 62.71 亿元,各产业比例为 1：2.97：2.61。人均产值 62 240 元,城镇居民人均可支配收入 27 216 元,农民人均可支配收入 14 346 元。2016 年灌区社会经济情况统计见表 2-1。

表 2-1　2016 年灌区社会经济情况统计

灌区名称	人口(万)			地区生产总值(亿元)				灌溉面积(万亩)	大小牲畜[万头(只)]	
	总人口	城镇	农村	合计	第一产业	工业和建筑业	第三产业		大	小
昌马灌区	12.33	4.39	7.94	97.91	13.41	42.76	41.74	79.11	1.40	52.43
双塔灌区	9.68	4.61	5.07	46.46	6.71	23.08	16.67	57.46	0.43	14.72
花海灌区	3.37	0.40	2.97	13.66	3.88	5.48	4.30	20.13	0.31	17.22
合计	25.38	9.40	15.98	158.03	24.00	71.32	62.71	156.70	2.14	84.37

　　昌马灌区、双塔灌区自东向西有兰新铁路、兰新高铁、312 国道、连霍高速从灌区旁经过,加之灌区内城乡公路四通八达,乡村道路阡陌交错,交通条件便利。花海灌区距离铁路较远,公路运输有 312 国道与玉花公路、赤花公路相通。灌区内花海镇、小金湾乡、柳湖乡、独山子及各农场均有柏油公路与 312 公路相通,村与村之间,农场之间也有简易公路相连。灌区所在的玉门市、瓜州县处于西北大电网覆盖之下,农村电网已全部形成,灌区供电设施齐全,电力供应充足,通信便捷。

　　昌马灌区光照充分,热量丰富,地势平坦,灌溉条件良好,灌区历史悠久。灌区主要种植小麦、玉米、棉花、油料、孜然、瓜菜等作物。灌溉受益区主要涉及玉门市和瓜州县的下西号、黄闸湾、布隆吉等 12 个乡(镇)以及饮马、黄花等国有农场,灌区总人口 12.33 万,其中城镇人口 4.39 万,城镇化率 35.6%,农村人口 7.94 万。全灌区 2016 年国民经济总产值 97.91 亿元,第一产业产值 13.41 亿元,工业和建筑业产值 42.76 亿元,第三产业产值 41.74 亿元。大小牲畜 53.83 万头(只)。

　　双塔灌区涉及渊泉镇、南岔、瓜州、西湖等 5 个乡(镇)和小宛、西湖 2 个国有农场。灌区现状总人口 9.68 万人,其中城镇人口 4.61 万,城镇化率 47.6%,农业人口 5.07 万。灌区 2016 年国民经济总产值为 46.46 亿元,其中第一产业产值为 6.71 亿元,工业和建筑业产值为 23.08 亿元,第三产业产值为 16.67 亿元。大小牲畜 15.15 万头(只)。

　　花海灌区经济以农业为主,作物主要种植小麦、玉米、棉花、孜然、油料、瓜果等。灌区境内有丰富的光热资源、矿藏资源,花岗岩、芒硝、铅锌、金矿、石榴石、硅石、石英石等矿产品采选冶炼开发潜力巨大。花海灌区现有 1 镇 3 乡(花海镇、小金湾乡、独山子乡、柳湖乡)、1 个农场,20 个行政村,灌区总人口 3.37 万,其中城镇人口 0.40 万,城镇化率 11.9%,农业人口 2.97 万。灌区 2016 年国民经济总产值为 13.66 亿元,其中第一产业产值 3.88 亿元,工业和建筑业产值 5.48 亿元,第三产业产值 4.30 亿元。大小牲畜 17.53 万头(只)。

2.3　灌区历史发展和建设情况

2.3.1　灌区发展历史

2.3.1.1　历史时期

疏勒河流域农业开发和水利建设已有两千多年的历史,西汉武帝元鼎六年(公元前111年)设敦煌郡以前时期,曾从中原移民万余人到敦煌一带,但由于连年战乱,主要以游牧为主的少数民族聚集,这一时期农业生产与水利只有少量发展。

西汉武帝元鼎六年设敦煌郡以后的历代帝王朝统治时期(公元前111年至1911年),随着驻军屯垦,移民开发,灌溉农业开始兴起;清康熙乾隆雍正年间,流域农业生产曾有过很大发展,人口曾达到4万,灌溉面积达到20万亩,期间由于战乱破坏发展受到影响,但农业生产总的趋势是不定期交替上升。清代初期,在疏勒河曾进行过大规模的水利建设,修建了昌马峡柴梢石笼坝,黄闸湾到蘑菇滩30 km的皇渠,在乱山子以下修建了渠口和南渠、北渠;自清雍正七年以来,开始制定了分水制度和管理办法。

1911~1949年,农业生产和水利建设有了一些发展,但由于连年战乱以及干旱灾荒,发展仍十分缓慢。1927年,在疏勒河上修建了3座柴茨坝引水口,灌溉小宛、十工和瓜州土地。1941年,甘肃省成立了甘肃省水利农牧公司,查勘了疏勒河干流,并于1943年设立昌马河水文站,1944年在安西设立安西工作站。此期间在桥子、布隆吉、三道沟一带修建塘坝11座,引水渠道用柴茨护砌,植柳固堤,水的利用率只有0.2左右。截至1949年,疏勒河灌溉面积43.5万亩。历史时期的工程十分简陋,水的利用率很低,供水没有保证,农业产量低而不稳。

2.3.1.2　中华人民共和国成立以来

中华人民共和国成立以来,党和政府非常重视疏勒河流域水土资源开发利用,农业生产和水利建设有了迅速的发展。1950年进行了疏勒河水土资源开发利用的前期勘测工作。1955年编制的《疏勒河流域规划报告》中规划灌溉面积150万亩,1957年调整为148.5万亩,工程分三期实施,1956年一期初步设计报告经水利部审查批准。1958年7月双塔水库开工,1960年2月竣工。1966年6月河西建设管理委员会修编了《疏勒河水利规划》,灌溉规模为159万亩,并编制了安西总干渠初步设计,同年8月开工,1973年4月竣工,衬砌总干渠长49.75 km。1984年编制了第三次《疏勒河流域水利规划》,调整了昌马灌区、双塔灌区的灌溉面积,并增加了花海灌区。调整后的规划灌溉面积147.3万亩,其中昌马灌区85.3万亩、双塔灌区46万亩、花海灌区16万亩。

截至1995年,昌马灌区建成引水渠首及旧总干渠、新总干渠、东渠、北渠、西渠、南干支渠各1条,分干渠3条共长221 km,支渠及分支渠92条长475 km,排水干渠、支沟23条长108.25 km,灌溉面积41.15万亩。双塔灌区建成双塔水库,总干渠、北干渠、南干渠总长89.89 km,支渠62条长275 km,西湖引水渠71.4 km,灌溉面积18.55万亩。花海灌区建成赤金峡水库1座,总库容4 134万 m³;引水渠首1座,干渠1条长24.6 km,支渠17条长64.4 km,疏花干渠长43.3 km,灌溉面积5.7万亩。

2.3.1.3　河西走廊(疏勒河)农业灌溉暨移民安置综合开发项目建设情况

20世纪80年代末,为了解决甘肃省中部干旱地区和南部高寒阴湿山区群众的贫困问题,甘肃省委、省政府提出了"兴西济中、扶贫开发"的战略部署,制定了河西走廊(疏勒河)农业灌溉暨移民安置综合开发项目(简称疏勒河项目)开发与建设规划。1996 年 5 月疏勒河项目开工建设。项目的实施过程中,为了减轻项目建设对生态环境的影响,疏勒河项目进行了中期调整,调整后项目总投资 19.73 亿元。2008 年 12 月,疏勒河项目全部完成,2011年 7 月通过了项目竣工验收。项目共新建水库 1 座、水电站 2 座、灌溉渠道 648.85 km、排水干支沟 181.21 km,改善灌溉面积 65.4 万亩,新增灌溉面积 41.47 万亩,营造防护林 9.1 万亩,新建 6 个移民乡(场)、57 个行政村,安置移民 7.5 万人。

2.3.1.4 大型灌区节水改造情况

疏勒河流域三个子灌区中,仅双塔灌区在 2001 年列入国家大型灌区续建配套与节水改造项目,项目规划共改造骨干渠道总长 45.24 km,其中总干渠 28.32 km,支渠 16.92 km,改建渠系建筑物 96 座,配套渠灌田间节水面积 2.91 万亩。规划任务通过逐年分步进行了落实。受当时灌区条件、资金等限制,大型灌区安排的任务以骨干渠道的改建为主,田间节水工程和设施投入较少。

2.3.1.5 《敦煌规划》节水改造情况

2009 年开始,为解决敦煌地区的缺水和生态环境的恶化,甘肃省启动了《敦煌规划》,将疏勒河干流灌区作为规划的关联区,纳入了规划。2011 年 6 月,国务院批复了《敦煌规划》,对疏勒河昌马灌区、双塔灌区,主要安排了灌区节水改造项目,要求通过灌区节水,从双塔水库下泄生态水量,补充西湖国家自然保护区的生态需水。

《敦煌规划》实施以来,昌马灌区共改建渠道长 310.30 km,改建渠系建筑物 818 座。其中,改造总干渠 53.0 km、改造干渠 65.62 km、改造支干渠 51.65 km、改造支渠 140.03 km。田间工程节水改造 68.9 万亩,其中渠灌 56.4 万亩、管灌 8 万亩、大田微灌 4 万亩、温室微灌0.5 万亩。双塔灌区共改建渠道长 90.74 km,改建渠系建筑物 355 座。其中,改造支干渠 5.13km、改造支干渠 16.41 km、改造支渠 69.2 km。田间工程节水改造 37.99 万亩,包括渠灌28.69 万亩、管灌 6.0 万亩、大田微灌 3.0 万亩和温室微灌 0.3 万亩。

综上所述,疏勒河灌区农业开发和水利建设已有 2 000 多年的历史,中华人民共和国成立以来,灌区农业生产和水利建设有了迅速的发展,先后通过"两西建设"和疏勒河项目从甘肃东中部贫困地区向疏勒河灌区异地安置贫困移民近 12 万人。疏勒河灌区成了贫困移民的第二故乡,大批的移民群众已走上了脱贫致富的道路。同时,疏勒河灌区一直以来都是甘肃省重要的农产品生产基地,第一产业在国民经济中的占比较高,传统农业相对发达,农民人均纯收入远高于全省平均水平,粮食作物、经济作物的亩均产量、产值也处于全省领先水平。

2.3.2 灌区工程建设现状

2.3.2.1 昌马灌区

(1)水库工程:昌马水库建成于 2001 年,坝址位于昌马峡进口以下约 1.36 km 处,坝型为壤土心墙砂砾石坝,最大坝高为 54 m,水库总库容 1.94 亿 m³,属大(2)型年调节水库,兴利库容 1.0 亿 m³。

(2)引水枢纽工程:疏勒河昌马峡有两座引水枢纽,一座是核工业集团四〇四厂工业取水口,设计引水流量为 3.2 m³/s,设计年引水量为 8 275 万 m³;另一座是昌马总干渠渠首,是以农业灌溉为主的水利枢纽,设计引水流量为 65 m³/s。昌马总干渠渠首是整个疏勒河灌区的取水枢纽。

(3)灌溉渠系工程:昌马灌区灌溉渠系布置较为完善,主要包括总干渠 2 条,总长74.535 km;干渠 5 条,总长 110.988 km;分干渠 10 条,总长 109.288 km;支渠 52 条,长252.173 km;分支渠 18 条,总长 66.167 km;骨干渠系建筑物 1 896 座。田间灌溉面积 79.11万亩,其中渠灌 73.44 万亩、管灌 3.27 万亩、大田微灌 1.91 万亩、温室微灌 0.49 万亩。

2.3.2.2　双塔灌区

(1)水库工程:双塔水库位于瓜州县城以东约 50 km 处,1960 年建成,为黏土心墙砂砾石坝,最大坝高 26.8 m,水库总库容 2.4 亿 m^3,其中兴利库容 1.2 亿 m^3。

(2)灌溉渠系工程:双塔灌区灌溉渠系布置较为完善,主要包括总干渠 1 条,总长32.613 km;干渠 3 条,总长 109.049 km;分干渠 1 条,总长 16.41 km;支渠 27 条,长 115.82km;分支渠 3 条,长 10.374 km;骨干渠系建筑物 1 080 座。田间灌溉面积 57.46 万亩,其中渠灌 49.83 万亩、管灌 7.47 万亩、大田微灌 0.1 万亩、温室微灌 0.06 万亩。

2.3.2.3　花海灌区

(1)水库工程:赤金峡水库工程为中型水库,大坝为粉质黏壤土心墙、砂砾和块碎石石渣壳坝,最大坝高 34.6 m,坝顶长 264.8 m,坝顶高程 1 571.6 m,坝顶宽 5 m。赤金峡水库始建于 1959 年,曾先后三次扩建加高。2002 年完成除险加固,总库容 3 878 万 m^3。

(2)引水工程:疏花干渠渠道总长 43.3 km,衬砌完好率 69.75%,引昌马总干渠水至赤金峡水库,年均引水量 9 000 万 m^3,有 13.1 km 需要改造。

(3)灌溉渠道工程:灌区灌溉渠系布置主要包括总干渠 2 条,总长 37.72 km;干渠 3 条,总长 22.764 km;支渠 13 条,长 54.95 km;各类渠系建筑物 841 座。田间灌溉面积 20.13 万亩,渠灌 20.12 万亩,管灌 0.01 万亩。

2.3.2.4　灌区灌溉工程完好率统计

疏勒河灌区渠道总衬砌率为 96.99%,现状完好率为 59.76%,建筑物完好率为78.10%。其中,昌马灌区渠道总衬砌率为 95.17%,现状完好率为 63.55%,建筑物完好率为 77.48%;双塔灌区渠道总衬砌率为 99.22%,现状完好率为 55.23%,建筑物完好率为94.35%;花海灌区渠道总衬砌率为 100%,现状完好率为 53.28%,建筑物完好率为46.72%。完好情况统计见表 2-2。

2.3.3　灌区管理现状

2.3.3.1　灌区管理机构及管理职责

2004 年 6 月,甘肃省河西走廊(疏勒河)农业灌溉暨移民安置综合开发建设管理局与原酒泉市疏勒河流域水资源管理局合并成立甘肃省疏勒河流域水资源管理局,为公益二类事业单位,正地级建制,隶属省水利厅。管理局内设党政办公室、组织人事处(加挂外事科技处牌子)、规划计划处(加挂总工办公室牌子)、财务处、水政水资源处(加挂水政监察支队、环境保护处 2 块牌子)、工程建设管理处、灌溉管理处(加挂信息化管理中心牌子)、综合经营管理处、驻兰办事处 9 个机关处室和纪检、工会、团委,共 12 个部门机构;管理局下设昌马灌区管理处、双塔灌区管理处、花海灌区管理处、水库电站管理处 4 个基层管理处,均为县级建制。各基层灌区管理处下设基层管理所(科级),管理所下设基层水管段或水管站,全局共有基层管理所 16 个,水管段(站)57 个;水库电站管理处辖有水电站 7 个、联合变电所 1个、水库管理所 1 个,均为科级单位。全局核定事业编制 685 名,其中公益类岗位事业编制

表 2-2 疏勒河灌区渠系完好情况统计

灌区	特性		单位	总干渠	干渠	分干渠	支渠	分支渠	合计
昌马灌区	渠道	现状总长度	km	74.535	110.988	109.288	252.173	66.167	613.151
		衬砌长度	km	74.535	110.988	105.969	238.493	53.584	583.569
		衬砌率	%	100	100	96.96	94.58	80.98	95.17
		破损长度	km	24.96	47.52	23.33	102.13	25.52	223.46
		完好率	%	66.51	57.18	78.65	59.50	61.43	63.55
	建筑物	现状建筑物	座	136	214	345	935	266	1 896
		破损建筑物	座	22	13	54	222	116	427
		完好率	%	83.82	93.93	84.35	76.26	56.39	77.48
双塔灌区	渠道	现状总长度	km	32.61	109.05	18.29	115.82	10.37	286.14
		衬砌长度	km	32.61	109.05	18.29	113.60	10.37	283.93
		衬砌率	%	100	100	100	98.08	100	99.22
		破损长度	km	0	69.38	0	58.742	0	128.122
		完好率	%	100	36.38	100	49.28	100	55.23
	建筑物	现状建筑物	座	22	318	54	551	135	1 080
		破损建筑物	座	0	1	4	37	19	61
		完好率	%	100	99.69	92.59	93.28	85.93	94.35
花海灌区	渠道	现状总长度	km	81.02	22.76	—	54.95	—	158.73
		衬砌长度	km	81.02	22.76	—	54.95	—	158.73
		衬砌率	%	100	100	—	100	—	100
		破损长度	km	28.10	20.22	—	25.83	—	74.152
		完好率	%	65.32	11.16	—	53.00	—	53.28
	建筑物	现状建筑物	座	116	69	—	656	—	841
		破损建筑物	座	150	69	—	129	—	348
		完好率	%	34.68	88.84	—	47.00	—	46.72
合计	渠道	现状总长度	km	188.17	242.80	127.58	422.94	76.54	1 058.03
		衬砌长度	km	188.17	242.80	124.26	407.04	63.96	1 026.23
		衬砌率	%	100	100	97.40	96.24	83.56	96.99
		破损长度	km	53.06	137.12	23.33	186.70	25.52	425.73
		完好率	%	71.80	43.52	81.71	55.86	66.66	59.76
	建筑物	现状建筑物	座	274	601	399	2 142	401	3 817
		破损建筑物	座	172	83	58	388	135	836
		完好率	%	37.23	86.19	85.46	81.89	66.33	78.10

198名,自收自支编制487名。现有在职干部职工652人,招聘制合同职工208名,季节性临时工132名。

　　按照甘肃省机构编制委员会(甘机编发〔2004〕2号)文件确定,甘肃省疏勒河流域水资源管理局的主要职责是对疏勒河流域水资源实行统一规划、统一配置、统一调度、统一管理、合理开发、综合治理、全面节约和有效保护。具体职责包括:负责流域综合治理,会同有关部门和地方政府编制和修订流域水资源规划、水中长期计划,并负责监督实施。协调流域内水利工程的建设、运行、调度和管理;统一管理和调配流域水资源,制订和修订流域内控制性水利工程的水量分配计划和年度分水计划并组织实施和监督检查;负责流域内水资源的保护、监测和评价,会同有关部门制定水资源保护规划和水污染防治规划并协调地方水利部门组织实施;统一管理流域内主要河道及河段的治理,组织制订流域防御洪水方案并负责监督实施,指导和协调地方政府做好抗旱、防汛工作;统一管理流域内地表水、地下水计划用水、节约用水工作,制定并实施节水政策、节能技术标准;组织取水许可制度的实施和水费的征收工作,指导流域内水政监察及水行业执法,协调处理流域内的水事纠纷;负责流域内的综合经营开发,按照建立适应社会主义市场经济体制和经营机制的要求,组织实施大型灌区的水管体制改革工作等。

2.3.3.2　灌区运行管理模式

　　疏勒河灌区运行管理实行专业管理与用水户群众管理相结合的管理模式,即支渠及支渠以上骨干工程由管理局负责建设、运行和管理、维修。斗渠及斗渠以下田间水利工程由农民用水者协会负责管护和维修,管理局给予技术指导和服务。在灌区运行管理中,管理局通过三座水库联合调度,充分协调上游与下游、灌溉用水与生态保护、防汛抗旱与发电生产等突出矛盾,逐步建立了从源头到灌区斗渠分水口以上统一管理的管理模式。在灌区内推行以农民用水者协会自我管理为主,乡(镇)水管单位监督指导,村级组织协调的参与式管理体制,通过实行水务公开制度、聘请用水监督员、开展民主评议政风行风活动,形成了较为完善的基层水利管理、服务和监督体系。

　　灌区经过多年开发建设,已建成了包括昌马、双塔、赤金峡三座水库在内的蓄、调、引、灌、排水利骨干工程体系,流域内昌马、双塔、花海三个子灌区已形成了完善的灌排系统,成为甘肃省最大的自流灌区。甘肃省疏勒河流域水资源管理局成立以来,通过三座水库联合调度,形成了独特的从疏勒河源头到灌区田间地头"一龙管水"的水资源管理模式,既合理统筹配置农业、工业、生活、生态的用水平衡,又充分保证用水安全。在用水管理中,管理局坚持"总量控制、定额管理",通过制订并严格执行用水计划,加强调度运行管理,确保了灌溉工作有序进行。同时,充分发挥农民用水者协会的作用,实行以协会自我管理为主,乡(镇)、水管单位监督指导,村级组织协调的参与式灌溉管理服务体系。通过推行"阳光水务",实行供水计量、用水水量、水费价格、水费账目"四公开"制度,让灌区群众交上了"放心钱",用上了"明白水"。

　　近年来,甘肃省疏勒河流域水资源管理局认真贯彻落实中央对水利工作的各项决策部署,积极践行新时期治水思路,不断深化水利改革,加快推动水利信息化建设,取得了一定成效。2014年6月,疏勒河灌区被水利部确定为全国开展水权试点的7个试点之一,重点在疏勒河灌区内的玉门市和瓜州县开展水资源使用权确权登记、完善计量设施、开展水权交易、配套制度建设等工作。目前,试点改革任务已全面完成,并通过了水利部验收。2016年

11 月,疏勒河流域又被水利部、国土资源部确定为全国开展水流产权确权试点的 6 个区域之一,将在疏勒河流域开展水资源和水域、岸线等水生态空间确权,目前相关工作已在全面推进。

2.3.3.3 灌区信息化建设与管理现状

疏勒河灌区信息化系统建设开始于 2004 年,于 2008 年 9 月投入运行,是国内首次建立的大型自流灌区水资源—体化集成管理系统。系统包括三大水库联合度系统、地下水三维仿真系统、洪水预报调度系统、灌区闸门监控系统、灌区水量采集系统和信息发布与业务查询、报表系统(办公自动化系统)等六大系统。疏勒河灌区信息化系统建成后,初步实现了疏勒河灌区水资源的有序调度和科学管理,为灌区信息化发展打下了良好的基础。2012 年 4 月,疏勒河灌区引进了 9 套澳大利亚潞碧垦公司生产的测控一体化闸门,建成了覆盖昌马南干渠 7.35 万亩的全渠道控制系统。2016 年以来,疏勒河灌区又陆续建成了灌区斗口水量在线监测系统,实现了对灌区 90% 以上的斗渠口流量、水量实时自动测报。2017 年以来,疏勒河灌区开始实施疏勒河干流水资源监测和调度管理信息系统建设项目,对原有斗口水量监测系统、昌马南干渠全渠道控制系统、部分斗口测控一体化系统、双塔水库信息系统、水权交易平台、网络视频监视系统等信息系统集成整合;对总干渠主要闸门远程控制进行改造;补充部分地表水、地下水、泉水、植被监测监视断面;整合原系统 1 个管理中心和 3 个管理分中心为管理局调度管理中心(数据中心),敷设中心至昌马、双塔、赤金峡 3 个水库方向的干线光缆。

疏勒河灌区信息化建设起步较早,多年来在灌区信息化管理工作的各个方面做了大量新的探索。近年来,随着信息技术、计算机技术、网络技术飞速发展,疏勒河灌区早期建设的信息化软件、硬件系统设备均已非常落后,硬件设备老化严重,软件系统性能迟滞,远不能满足水利信息化发展的新要求。另外,不同年代陆续补充或新增建设了一些相对独立的应用子系统,在实际运用中,这些信息系统数据库标准、来源不统一,数据融合共享困难,不同业务应用系统开发环境、语言不尽相同,不同系统之间模块调用非常困难,导致服务难以共享,无法实现灌区及流域的水资源精准调配,与智慧水利建设要求差距较大。

2.3.4 生态环境状况

自古以来,疏勒河灌区就是丝绸之路的必经之地,古丝绸之路的南道、北道和中道均在这里交会,疏勒河润泽了举世闻名的敦煌文化,被称为敦煌的"母亲河"。在疏勒河两岸,如今仍然遗存有 100 多座古城、200 多 km 汉长城,以及莫高窟、榆林窟、玉门关、阳关等历史遗迹。疏勒河灌区地处甘、新、青、蒙四省交汇要道,是"丝绸之路经济带"甘肃黄金段的重要节点和国家生态安全屏障建设的重要组成部分。疏勒河灌区位于内陆干旱区,生态环境极度脆弱,水资源是流域内经济社会发展、生态环境建设不可或缺的首要条件和无法替代的基本保障。

疏勒河上游属于祁连山区,是疏勒河的水源涵养区域。近年来,随着冰川雪线上移,水源涵养区生态呈恶化趋势。

疏勒河中游是灌区绿洲,是人类活动区域,灌区绿洲除灌溉种植外,绿洲的防护林网较完善,灌区防护林总面积约 7.9 万亩。灌区林网主要靠灌区灌溉维持生长,灌区内的天然植被主要靠灌区的地下水补给维持,灌区内部生态状况尚好。

疏勒河下游的灌区外缘,有安西极旱荒漠国家级自然保护区、敦煌西湖国家级自然保护区、桥子生态功能区、玉门干海子候鸟省级自然保护区等生态保护区。其中,安西极旱荒漠国家级自然保护区靠当地仅有的年均不到 70 mm 的降水维持为主,桥子生态功能区、玉门干海子候鸟省级自然保护区是地下水补给。敦煌西湖国家级自然保护区位于疏勒河尾闾,2012 年批复的《敦煌规划》将疏勒河灌区作为关联区,提出了向敦煌西湖国家级自然保护区下泄生态水量的要求,规划每年从双塔水库下泄生态水量 7 800 万 m³,到达瓜州和敦煌交界的双墩子断面水量为 3 500 万 m³,到达敦煌西湖国家级自然保护区的水量控制断面玉门关的水量为 2 200 万 m³。目前,《敦煌规划》中涉及疏勒河灌区的相关建设任务已经基本完成,已具备了向敦煌西湖国家级自然保护区补水的条件,保护区的生态逐步转好。

2.4　水资源及开发利用现状

2.4.1　水资源量及可利用量

2.4.1.1　水资源量状况

1. 地表水资源量

疏勒河上游祁连山—阿尔金山降水量相对比较丰富,年降水量 150 ~ 250 mm。中下游走廊平原及北山区降水量自东向西渐少。疏勒河上游的祁连山区是现代冰川集中发育地区之一,据统计,疏勒河流域共有冰川 975 条,冰川面积 849.38 km²,冰储量 457.36 亿 m³,冰川年融水量 4.94 亿 m³。疏勒河灌区包括疏勒河干流下游的昌马灌区、双塔灌区,石油河下游的花海灌区。地表水资源即疏勒河干流和石油河两河的河川径流量。

疏勒河干流在昌马峡出山口以上为上游,降水量相对比较丰富,是主要产流区,径流主要来源于大气降水,冰川融水补给平均为 28.54%。出昌马峡至走廊平原为中下游,降水量很少,加之河道渗漏损失,基本不产生径流,因此昌马峡出山口径流可以代表疏勒河干流的地表水资源。昌马水库坝址位于昌马峡下游,以上控制流域面积 13 250 km²,坝址上游 3 km 处左岸有支流小昌马河汇入,区间流域面积 2 289 km²,无径流观测资料。此区间降水和下垫面条件与昌马堡水文站以上情况基本一致,故以坝址上游 18.5 km 处的昌马堡水文站(自 1944 年观测至今)作为参证站,求得昌马水库多年平均入库径流量为 10.31 亿 m³,多年平均入库流量 32.7 m³/s,成果如表 2-3 所示。

表 2-3　昌马水库入库设计年径流成果

项目	统计参数			各频率设计成果			
	均值	C_v	C_s	25%	50%	75%	90%
W_0(亿 m³)	10.31	0.24	$2.0C_v$	11.85	10.15	8.55	7.29
Q_0(m³/s)	32.7	0.24	$2.0C_v$	37.6	32.1	27.1	23.1

石油河多年平均径流量 0.51 亿 m³,经上游截用和沿程蒸发渗漏损失,只有汛期洪水及冬季河水流入中游赤金峡水库,多年平均入库径流量 0.35 亿 m³。

综上,疏勒河灌区境内地表水资源量合计 10.66 亿 m³。

2. 地下水资源

疏勒河灌区地下水的总补给量为 7.54 亿 m³,其中与地表水不重复的地下水资源量为 0.726 亿 m³(摘自《甘肃省河西走廊(疏勒河)项目灌区地下水动态预测研究报告》)。地下水资源分析成果见表 2-4。

表 2-4　疏勒河灌区地下水资源　　　　　　　　　(单位:亿 m³)

灌区名称	地下水补给量	与地表水不重复部分
昌马灌区	4.78	0.225
双塔灌区	2.02	0.232
花海灌区	0.74	0.269
合计	7.54	0.726

3. 水资源总量

疏勒河灌区多年平均径流量为 10.66 亿 m³,与地表水不重复的地下水资源量为 0.726 亿 m³,计算水资源总量为 11.386 亿 m³。

2.4.1.2　水质状况

1. 水质类型

依据《2016 年甘肃省水资源公报》河流水质分析,疏勒河干流水质较好,全年期河流水质类型为 Ⅱ 类。石油河全年期河流水质类型为 Ⅱ 类。

2. 河流泥沙

疏勒河干流花儿地以上地处祁连山深山区,气候相对寒冷湿润,降水量较多,植被较好,人类活动影响较小,入河泥沙较少。花儿地以下的浅山区,降水减少,地表植被稀疏,水土流失较为严重,入河泥沙明显增加,河流泥沙主要来自洪水期。

根据昌马堡水文站泥沙资料推算昌马水库坝址处多年平均入库悬移质输沙量为 359 万 t,推移质输沙量按总沙量的 20% 估算为 90.0 万 t,输沙总量为 449 万 t。昌马水库在 7 月敞泄,冲沙排沙,从 8 月上旬开始蓄水,7 月来沙中仅悬移质沙量排除库外,推移质沙量均淤在库中,其他月份几乎无悬移质沙排出。因此,昌马水库出库多年平均输沙量为 7 月悬移质输沙量 160.0 万 t。

双塔水库以上的潘家庄水文站流域面积 18 496 km²,有较长系列的水文泥沙实测资料,据潘家庄水文站实测资料统计,多年平均悬移质输沙量 186.9 万 t,多年平均侵蚀模数采用 101 t/(km²·a)。双塔水库坝址流域面积 20 197 km²,由此计算坝址多年平均悬移质输沙量为 204 万 t。水库推移质泥沙采用比例系数法估算,山区性河道推悬比一般为 15% ~ 30%,双塔水库推移质输沙量估算采用推悬比 25%,则坝址处年推移质输沙量为 51.0 万 t,输沙总量为 255.0 万 t。

2.4.2　水资源开发利用现状

2.4.2.1　供用水现状

1. 供水量

2016 年疏勒河干流入昌马水库径流量 168 258 万 m³,石油河入赤金峡水库径流量 6 545 万 m³;疏勒河灌区入境地表水资源总量为 174 803 万 m³,2016 年属于特丰水年。

2016 年,昌马水库、赤金峡水库向昌马、双塔、花海三个子灌区供水量分别为47 673万 m^3、30 659 万 m^3、13 307 万 m^3,合计地表水总供水量91 639 万 m^3(不含向核工业集团四〇四厂供水量8 275 万 m^3)。三个子灌区地下水供水量分别为 8 824 万 m^3、6 028 万 m^3、654万 m^3,合计 15 506 万 m^3。2016 年疏勒河灌区总供水量 107 145 万 m^3。

2. 用水量及用水指标

2016 年疏勒河灌区总用水量 10 714.01 万 m^3,其中城镇居民生活用水量 390.03 万 m^3,农村居民生活用水量 162.78 万 m^3,农业灌溉用水量 101 144 万 m^3,牲畜用水量 510.2 万 m^3,工业用水量 1 121 万 m^3,人工生态用水量 3 815 万 m^3。农业灌溉用水量占总用水量的94%,其他行业用水量仅占总用水量的6%。疏勒河灌区现状 2016 年供用水量见表2-5。

2.4.2.2　水资源开发利用水平

2016 年,疏勒河灌区人均用水 4 218 m^3(全省人均用水水平 453 m^3);城镇居民生活用水 114 L/(人・d)[全省平均水平 147 L/(人・d)];农村居民生活用水 28 L/(人・d)[全省水平 39 L/(人・d)];万元工业增加值用水 15.7 m^3/万元(全省指标 64 m^3/万元);农田灌溉亩均用水量 645 m^3(全省亩均用水量 487 m^3/亩)。2016 年疏勒河灌区主要用水指标详见表2-6。

表 2-5　疏勒河灌区现状 2016 年供用水量　　　　　　(单位:万 m^3)

灌区名称	供水水源	城镇居民	农村居民	农业灌溉	牲畜	工业	人工生态	总用水量
昌马灌区	地表水供水			46 398			1 275	47 673
	地下水供水	182	82	6 807	244	456	1 052	8 823
双塔灌区	地表水供水			29 868		32	759	30 659
	地下水供水	193.7	52.8	5 112	154	515		6 027.5
花海灌区	地表水供水			12 578			729	13 307
	地下水供水	15.33	27.98	381	112.2	118		654.51
合计	地表水供水	0	0	88 844	0	32	2 763	91 639
	地下水供水	391.03	162.78	12 300	510.2	1 089	1 052	15 505.01
	总计	390.03	162.78	101 144	510.2	1 121	3 815	10 714.01

表 2-6　2016 年疏勒河灌区主要用水指标

灌区名称	人均用水(m^3/人)	城镇居民生活用水[L/(人・d)]	农村居民生活用水[L/(人・d)]	万元工业增加值用水(m^3/万元)	农田灌溉亩均用水(m^3/亩)
昌马灌区	4 582	114	28	10.7	673
双塔灌区	3 786	115	28	23.7	609
花海灌区	4 131	102	26	21.5	644
疏勒河灌区	4 218	114	28	15.7	645
全省	453	147	39	64	487

注:全省指标源于《2016 年甘肃省水资源公报》。

2.4.2.3　水资源开发利用效率

水资源开发利用率:现状年疏勒河灌区地表水资源量 169 963 万 m³,加上与地表水不重复的地下水资源量 7 260 万 m³,水资源总量 177 223 万 m³。现状年总供水量 107 145 万 m³(包括调往核工业四○四厂 8 275 万 m³),水资源开发利用率为 60%。

灌溉用水效率分析:近几年通过《敦煌规划》、双塔灌区续建配套与节水改造工程等项目对疏勒河干流的昌马灌区、双塔灌区节水改造,灌溉水利用系数大幅提高,节水效果明显。昌马灌区、双塔灌区、花海灌区灌溉毛定额各为 673 m³/亩、609 m³/亩、644 m³/亩,渠系水利用系数分别为 0.640、0.651、0.629,田间水利用系数为 0.85 ~ 0.9,灌溉水利用系数分别为 0.542、0.568、0.551。疏勒河灌区综合灌溉水利用系数 0.552,基本达到《节水灌溉技术规范》(SL 207—98)规定的大型灌区 0.50 水平。

2.5　农业产业现状

近年来,灌区立足水土资源优势,把发展农业产业化作为调整和优化农业、农村经济结构的重大举措,作为农民增收的重点工程,灌区培育具有特色的农业产业,龙头企业初步成长,农业产业化经营开始起步。

昌马灌区经过不断的种植结构调整,粮食作物的种植面积呈减小趋势,经济作物种植面积大幅增加,形成了设施瓜菜、大田蔬菜、特色林果、高效制种、西甜瓜、中药材、食葵等特色经济作物的优势高效产业。以玉米、小麦、大麦等为主的粮食作物播种面积在 10 万亩左右,瓜菜产业种植面积达到 16 万亩以上,瓜菜、花卉等制种基地面积达到 5 万亩以上,以枸杞、甘草为主的中药材种植面积达到 12 万亩,葡萄、温室桃等特色林果种植面积达到 4.6 万亩。灌区内现有农民专业合作社 269 家,其中有明显示范带头作用的合作社 57 个,特色农场、农业产业化龙头企业 14 家。

双塔灌区近年来以打造省级现代农业示范园区为目标,以持续增加农民收入为核心,按照"压棉花、稳蜜瓜、增果蔬、扩药材、强草畜"的产业发展思路,大力落实蜜瓜、枸杞、优质林果、蔬菜等特色经济作物种植面积,为推进现代农业发展提质转型。瓜州县"三品一标"农产品认证面积达到 41.13 万亩,无公害农产品认证 13 个,无公害农产品产地认定 24 个,绿色食品认证 2 个,有机产品 1 个,瓜州枸杞获得国家"绿色食品 A 级产品"认证,"瓜州蜜瓜、瓜州枸杞"均获得国家"农产品地理标志保护产品"认证,甘草精深加工产品通过药品 GMP 认证,各类农产品加工企业达到 47 家。目前,瓜州县家庭农场总数发展到 142 家,其中种植类家庭农场 87 家,养殖类家庭农场 47 家,种养结合的 8 家。创建市级示范性家庭农场 17 个,省、市级示范社 37 个。建成各类农民专业合作社 536 个,入社社员达到 1.25 万人,带动农户 2.742 万户。

花海灌区发展的葡萄、枸杞、辣椒、食葵等示范产业面积逐年扩大,约 5 万亩,独山子日光温室种植示范园区 1 个、柳湖乡岷州戈壁农业示范园区 600 亩、生态林示范点 500 亩、富民温室拱棚园区以及华西百亩拱棚示范区。柳湖乡的温室桃树、西瓜以及拱棚草莓、圣女果等,通过乡党委和政府的引导以及瑞丰瓜菜农民专业合作社的牵头,开展"采摘节",瓜果蔬菜种植效益良好,供不应求。养殖业方面,2016 年共新建高标准人畜分离养殖小区 1 个,标准化设施暖棚圈舍 366 座。目前建有农民专业合作社 52 个,其中有明显示范带头作用的有 12 家。特色农业产业化龙头企业(公司、养殖场)4 家。

第 3 章　灌区信息化系统升级
耦合需求分析研究

　　疏勒河灌区在信息化建设道路上经过长期的探索与总结,积累了丰富的建设经验和技术储备,也取得了一定的成果。流域内辖昌马、双塔、花海三大灌区,承担着玉门市、瓜州县22个乡(镇)、6个国有农场134.42万亩耕地的农业灌溉和甘肃矿区等单位的工业供水、辖区生态供水及水力发电供水等任务。灌区有昌马、双塔、赤金峡三座水库,总库容4.722亿 m^3 ;有干渠17条445.86 km,支干渠11条116.77 km,支渠120条548.10 km,斗渠619条1 105 km,农渠6 247条2 950 km,已形成较为完善的灌溉系统,是甘肃省百万亩以上大型自流灌区之一。灌区现有农民用水者协会110个,其中昌马灌区52个,双塔灌区35个,花海灌区23个。通过实践运行,参与式灌溉管理模式的先进性已得到灌区广大农户的肯定,水利与信息技术的结合不仅实现了对配水的精确管理,而且可使普通农民随时知晓自己的用水状况,从而改变了农民的用水习惯。正是通过信息化技术的创新应用,灌区水管部门与农户在节水方面达成了共识,实现了良性互动。

　　但是现有的信息化建设成果无论是在灌区水资源信息的采集种类、调控手段、监测与监控范围、信息传输网络方面,还是在水资源的优化调度模型、水资源配置管理和流域水资源经济社会生态效益评价方面,都存在较多不足。同时,近年来国内外信息技术、通信网络飞速发展,原有的软件、硬件老化淘汰,售后无保障,远不能满足当前水利信息化的发展要求。另外,近几年,疏勒河流域水资源管理局(简称疏管局)在灌区信息化管理工作方面又做了大量新的探索,形成了一些新的相对独立的应用子系统,这些系统亟待集成整合到统一的灌区信息管理平台。因此,必须对现有的疏勒河流域灌区信息化系统进行升级耦合。

3.1　信息化建设过程与现状分析

3.1.1　信息化建设主要历程

　　2004年,疏勒河灌区使用世界银行贷款采购的疏勒河流域灌区信息化系统工程项目正式立项,2008年初进入试运行,9月正式投入运行。疏勒河项目信息化系统在统一框架下分为三大水库联合调度系统、闸门自动化控制系统、灌区水量信息采集系统、控制中心(含信息平台)等四个功能子系统实施。

　　2012年4月引进澳大利亚潞碧垦公司生产的9套"渠系一体化端至端明渠灌溉基础设施自动化系统",作为农业水资源利用效率原位观测系统试验工程开始实施。2013年在9孔闸门成功运行的基础上,将昌马南干渠7.35万亩节水改造工程列入《敦煌水资源合理利用与生态保护综合规划》,再次列资安装51孔一体自动化测控闸门,并于2015年6月全面完成安装和调试,覆盖了南干渠管理的7.35万亩灌溉面积,实现了上游至下游全渠道自动化控制运行。

2002 年 10 月建成甘肃省疏勒河流域地下水综合试验站,占地 1 560 m²,场内设有地下水蒸渗和气象观测设备。地下水蒸渗设备包括 45 个埋深不同的蒸渗桶和 6 个 7 m² 的蒸渗池;气象观测设备包括日照桶、雨量计、蒸发皿、风向风速仪、干湿温度计及低温表等。该试验场主要是对疏勒河流域平原区大气降水、蒸发、入渗补给和大气水、地表水、土壤水、地下水相互转换规律进行观测和灌溉试验。

2016 年开始建设双塔水库信息化系统,包括大坝智能巡检系统、大坝安全监测系统、水情测报系统、闸门远程监控系统、网络视频监控系统、大坝安全评价与预警系统、双塔出库洪水模拟演进系统等一系列子系统。

3.1.2　信息化现状

疏勒河信息化建设主要成果包括三大水库联合调度系统、闸门自动化控制系统、灌区水量信息采集系统、控制中心(含信息平台)等四个功能子系统。

(1)控制中心(含信息平台)是疏勒河信息系统的数据中心、运行枢纽和展示平台,总体上划分为三层:数据层、支撑层及应用层,其结构如图 3-1 所示。

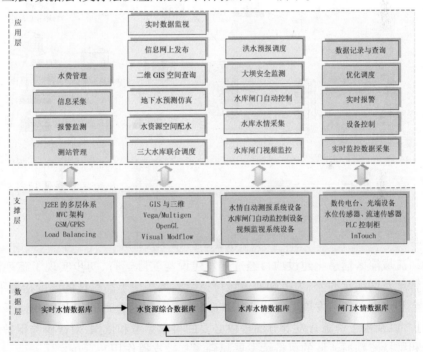

图 3-1　疏勒河信息系统结构

其中,数据层由水资源综合数据库、实时水情数据库、水库水情数据库以及闸门水情数据库构成,响应客户请求独立地进行各种数据处理;支撑层用来支持各个应用系统的实现;应用层包括灌区三大水库联合调度系统、水情实时采集系统以及渠系闸门自动监控该系统。

(2)三大水库联合调度系统。以水库水情、大坝与闸门运行状态信息为基础,以水库信息管理与决策支持为核心,以水库闸门的自动化监控为手段,实现三大水库的联合调度与水资源统一管理和优化配置,达到合理用水、提高经济社会效益、改善生态环境、增加水费收入等目标,为水库优化调度提供辅助决策支持。

（3）闸门自动控制系统。按管理中心、管理分中心和现地监控站等3个调度级别对渠系重点部位闸门实现监控。管理中心位于疏管局内,管理分中心分别位于昌马、花海、双塔灌溉管理处,中心和分中心根据配水计划实时监测监控各管理范围内闸门的运行情况和渠道流量。管理中心管理由疏勒河流域灌区疏管局直接控制的28处95孔闸门,昌马分中心管理昌马灌区19处50孔闸门,花海分中心管理花海灌区10处26孔闸门,双塔分中心管理双塔灌区8处21孔闸门。现地监测监控站位于各个闸门的监控点,根据中心和分中心下达的指令,通过有线和无线通信,监测、控制和调节闸门的启闭,并使流量或水位达到设定值,其中昌马旧渠首安装有4路视频监控设备。

（4）灌区水量信息采集系统。按流域管理中心、灌区管理分中心、灌区管理所和现地采集站等4个层级构建整个流域灌区的分层分布式综合自动化系统,对灌区干渠、支渠、斗渠实行自动监测。系统主要在13个水管所建设水量信息采集工作站,在424处水量计量点建设水量信息采集终端。灌区水量信息采集系统组网如图3-2所示。

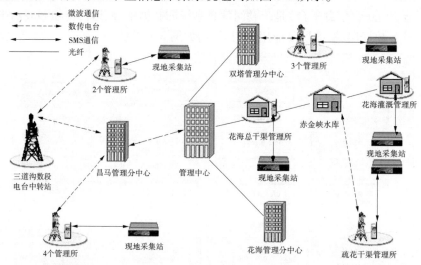

图3-2　灌区水量信息采集系统组网

疏勒河流域灌区信息化建设项目经过开发建设与实际运行,初步实现了疏勒河流域灌区的科学管理及网络化办公,为疏勒河流域可持续发展搭建了高科技的调度指挥平台,为灌区经济社会和生态的和谐发展奠定坚实的基础,为水资源的合理开发利用和地下水资源的管理与保护,以及水土资源开发等方面提供必要的科学参考和依据,对改善与保护流域周边生态环境和维持疏勒河流域的可持续发展起到了基础支撑作用。

3.1.3　信息化现状问题分析

随着灌区灌溉面积不断增加,灌区管理要求进一步精细化,特别是作为《敦煌规划》的关联区,要求灌区的双塔水库在项目建设完成后向敦煌盆地下泄生态总水量7 800万 m³的约束性指标任务,而这一目标的实现对疏勒河流域的水资源管控能力提出了更高的要求。粗放式管理已无法满足需求,借鉴国内外先进经验,结合灌区多年的实践管理经验,唯有通过流域信息化建设水平的提升,利用大数据理论,不断优化改进,才能做到全流域水资源的合理调配及最优化利用,实现节水目标,保证生态水量。

近年来,信息技术、计算机技术、网络技术飞速发展,2008 年就已投运的软件、硬件系统设备均已非常落后,硬件设备老化严重,软件系统性能迟滞,远不能满足全国水利信息化"十三五"规划、甘肃省水利信息化"十三五"规划提出的新要求。另外,近几年疏管局在灌区信息管理工作的各个方面又做了大量新的探索,安装部署了一些相对独立的应用子系统,这些系统使现场的运行管理工作变得极为烦琐复杂,亟待集成整合到统一的流域水资源监测和调度管理平台之上。因此,必须对现有的疏勒河流域灌区信息化系统进行升级耦合。

现有的疏勒河流域灌区信息化系统无论是在灌区水资源信息的采集种类、调控手段、监测与监控范围、信息传输网络方面,还是在水资源的优化调度模型、水资源配置管理和流域水资源经济社会生态效益评价方面,都无法满足当前需求。信息化建设还存在诸多问题需要解决。

3.1.3.1 信息采集布点需要补充完善

1.流域地表水监测

地表水的状况,直接影响敦煌水资源和生态环境条件。对地表水的监测主要有地表水监测断面、灌溉用地表水计量监测点。

结合疏勒河项目信息化系统项目,已建设了昌马水库、双塔水库和赤金峡水库的出库断面,以及昌马总干渠、西干渠、北干渠、东干渠、三道沟输水渠、疏花干渠、双塔北干渠、南干渠、广至输水渠、花海总干渠、瓜州望杆子断面、双墩子断面等 15 个地表水监测断面,但从掌握三大水库和洪积扇区域水量平衡以及关联区下泄水量情势看,仍需要考虑增设新的监测断面。

2.流域地下水监测

流域地下水监测工作开始于 20 世纪 50 年代,监测目的各不相同,主要围绕农田供水、土壤改良、水资源评价开展了地下水位、水温监测。1965~1969 年期间,经过调整仅保留玉门监测点,主要对玉门盆地农业耕作区进行了为期 5 年的长观工作,20 世纪 70 年代大部分观测点均被撤销。布网初期,观测点的分布及监测内容齐全,基本查明了疏勒河流域地下水的动态成因类型,但观测系列短,对地下水及与此相关的生态环境地质的认识不够深入。在 2000~2005 年大调查工作中,进行过阶段性的地下水动态监测,主要以大口井为主,由于地下水位下降,现基本上全部干枯,观测内容包括水位、水温等,测网控制面积 5 800 km²,占平原面积的 20%,目前已全部中断观测。

疏勒河灌区地下水监测主要以灌区现有的长观井为基础,按照甘肃省地质矿产勘查开发局(简称甘肃省地矿局)对昌马灌区、双塔灌区地下水监测井的重新规划布局,设置昌马灌区、双塔灌区、花海灌区共 68 眼自动观测井,采集自动观测井的地下水位,建立流域地下水位自动检测网络。其中,甘肃省地矿局环境监测院 10 眼为自动观测井,其观测数据首先定时发送到北京监测中心,再由北京发送回甘肃省地矿局和疏管局的服务器,此系统与当前疏管局的信息化系统不能融合,数据无法直接传入疏管局信息化系统内的地下水模块。甘肃省水文局 19 眼自动观测井,由甘肃省水文局管理,目前自动监测设备全部损坏,全部采用人工观测。疏管局 39 眼观测井,10 眼为自动观测井,其余皆为人工观测井。多年运行后现在自动观测井的自动监测设备已全部损坏,全部采用人工观测。

地下水观测井现场照片如图 3-3 所示。

3.泉水监测

近 50 年来,疏勒河流域泉水量呈持续衰减趋势。2009 年疏勒河流域泉水资源量为 1.32 亿 m³,为 1977 年泉水资源量的 34.3%,年均减少 789.4 万 m³,尤其是玉门—踏实盆地,

图 3-3　地下水观测井现场照片

原来的泉水溢出带所形成的九条河流目前一半以上常年无水,昌马水库的修建,导致昌马洪积扇补给量减少,使得区域性地下水位下降,受其影响,昌马洪积扇前缘泉水溢出量表现出逐年减少的趋势,泉水溢出带高程普遍下移。20 世纪 60 年代,昌马洪积扇带泉水溢出量为 3.350 亿 m³/a,70 年代衰减为 2.53 亿 m³/a,至 2004 年为 1.568 亿 m³/a,与 60 年代相比,昌马洪积扇带泉水溢出量衰减了 53.2%。

2012 年,疏管局与甘肃省地质环境监测院合作在桥子东坝水库上游泉水出露点、潘家庄正西公路边泉水出露点、九道沟、枯沟河、黄旗村和塔尔湾等 6 处建设了泉水监测点。项目启动后运行了一年,因经费和甘肃省地质环境监测院领导人员的变动,数据没有采集,现场安装的设备也没有更新,包括量水堰等设施已不能满足信息化管理的需求。

4.植被监测

由于历史原因,对植被的重要性认识不足,并且受资金和技术等因素的影响,目前并没有对灌区内的植被信息(包括植被类型、面积等)进行采集和管理,缺乏相关工作基础。

3.1.3.2　信息传输系统需要改造

1.光缆工程建设现状

光缆工程是信息化项目一期建设中传输系统的重要组成部分。在一期建设中,疏勒河信息化系统光纤通信主干传输工程建成了灌区内 4 芯光纤主干网络,链接了 28 套总带宽为 155 M 的 SDH 同步数字传输设备,敷设的光缆工程从疏管局信息中心分别向昌马水库、瓜州县和花海乡三个方向辐射,光缆工程共施工 309.6 km,其中架空施工 49.6 km,管沟直埋工程施工 260 km,该工程包括疏管信息中心节点在内共计 27 个管理单位,其中下辖 3 个水库、14 个水电站和 9 个管理部门,基本覆盖了灌区内的水管所级别的管理单位。该系统的建成,完成了全灌区的信息化建设工作基础工程部分,是控制中心与信息平台系统数据传输的重要基础工程。但由于疏勒河信息化早年建设因资金、边界条件所限,通信网络未能达到灌区全覆盖,网络分布不尽合理,部分所、段、站光缆未敷设到位,无法全面覆盖整个灌区。近年来随着城乡建设的发展,位于人口密集区内的部分光缆线路已多处中断,无法恢复,因此现有的信息化主干传输网络从技术指标、设备数量、灌区敷设分布情况上都难以为继,必须实行改造。

2.数据传输设备现状

在疏勒河项目建设中,数据传输设备采用单模 4 芯光纤,选用 SDH155 Mb/s 光传输设备,终端复用设备采样 PCM 端机,为图像、数据、自动电话等需要提供标准通道。敷设范围基本覆盖了灌区内水管所级别的管理单位,并且其设备配置考虑了光缆芯数的冗余备份问题,但是在传输业务端口配置方面,缺乏冗余考虑,部分站点的设备模块基本已经是满负荷状态,不能增加和提供新的业务需求。为了总体建设的需要及长远发展的目标,对于不能满足需求及长期发展考虑的设备,考虑将进行必要的升级改造,以满足将来的系统稳定、可靠的多业务运行环境需要。

应用软件系统需要升级完善。疏勒河信息化系统开发配置了三个应用软件系统,实现信息的分析、对比,利用数据信息建立决策模型,为灌区灌溉、防汛提供支持。三大水库联合调度系统实现昌马、双塔、赤金峡等三大水库联合供水调度和灌区水资源的配置;地下水三维仿真系统研究疏勒河灌区地下水位动态演变规律;洪水预报调度系统则实现洪水预报及洪水淹没的动态演示。

随着灌区面积增加等环境条件变化、生态需水量的新要求,以及软件应用支撑系统的变动,应用软件系统逐步显示出了缺陷和不足,不能满足多元化、高效率的调度用水需求。三大水库联合调度系统在来水预测、需水上报等方面需要扩展完善,并且提高软件自身的稳定性;地下水三维仿真系统中预测与实测曲线不能自动延伸,并且由于微软操作系统升级,与应用软件存在冲突,引起运行稳定性问题;洪水仿真系统中比例尺过小导致淹没范围界限误差偏大,有待提高洪水仿真的准确性。

现有的疏勒河项目信息化系统缺乏科学的评价灌区经济效益、社会效益、生态效益的系统。通过对灌区经济效益、社会效益、生态效益的评价,能够深入地分析灌区对水资源的利用所产生的效益,为水资源的优化利用效果提供有效的评价手段,并能够提高水资源合理利用和保护水平,增强全社会节水意识,推进当地经济与社会的全面进步。若缺失灌区经济效益、社会效益、生态效益评价系统,将无法对水资源优化配置后的效果做出科学的评价及分析,制约了水资源调度工作的展开。

疏勒河流域中对流域地表水监测、流域地下水监测的建设已有了一定的规模,但是流域地表水与地下水的分析缺乏相互联系,没有系统地研究及分析疏勒河地区地表水与地下水之间的互相转换关系,缺乏统一的地表水与地下水评价平台。因此,需要对疏勒河项目信息化系统中的三大水库联合调度系统、地下水三维仿真系统、洪水预报调度系统等应用软件系统升级、改造和完善,需要考虑增加开发灌区经济效益、社会效益、生态效益评价系统。

硬件设备需要升级改造。灌区信息化硬件设备运行近 10 年,已全部超出使用寿命或已经被市场淘汰,部分主要设备情况说明如下:

(1)信息中心和灌区分中心局域网络设备已全部超出使用寿命,目前局中心 1 台 H3C-S7506 核心交换机、1 台 H3C-F100 防火墙、4 台 H3C-S3100 交换机普遍存在运行卡滞、死机等不稳定情况,4 台 TP-LINK24 口光网接入层交换机有 3 台已经完全不交换数据;昌马、双塔、花海三个分中心,昌马、双塔、赤金峡三座水库现地网络共 6 台 H3C-S3100 交换机普遍存在运行卡滞、死机等不稳定情况,需全部更换。

(2)信息中心 2 台 DELL 6850 服务器、3 台 DELL 2950 服务器、15 台业务工作站电脑,昌马、双塔、花海三个分中心,昌马、双塔、赤金峡三座水库共计 6 台 DELL 2950 服务器、34 台工作站电脑已经使用近 10 年时间,全部超出使用寿命,需全部更换。

(3)信息中心大厅中控大屏 15 个显示单元拼缝和色差越来越大,矩阵系统老化出现屏显抖动,大屏控制主机经常出现死机或运行迟钝,需更换显示系统。

(4)信息中心一楼机房电源设备(两台 20 kVA 大功率 UPS 充电电源和 64 节蓄电池)已连续运行多年,UPS 性能降低,电池亏损严重,需更换。机房及计算机网络设备现状如图 3-4 所示。

图 3-4　机房及计算机网络设备现场照片

3.2　信息化升级耦合需求分析

3.2.1　适应水利信息化发展新要求

《水利信息化发展"十三五"规划》是全国水利发展"十三五"规划的重要的专项规划之一,是指导全国水利信息化今后 5 年发展的阶段性、纲领性文件,对于促进水治理和水管理能力现代化、加快推进治水兴水新跨越、切实提高水安全保障能力具有重大意义。

《水利信息化发展"十三五"规划》总结了水利信息化存在的主要问题:①水利信息化基础设施区域发展不平衡,整合力度不够,整体支撑能力尚显不足。②水利信息资源共享困难,管控力度不够,开发利用效益不高。③水利业务与信息技术融合程度不深,业务协同不够,整体优势和规模效益难以充分发挥。④保障体系尚不健全,安全防护能力不足,距离水利现代化的要求还有差距。因而,"十三五"水利信息化的工作思路是:水利信息的采集要多元化,打造"泛在感知能力";资源要云化,打造"资源集约化服务能力";数据要知识化,打造"创新应用能力";管理要智能化,打造"智慧水利",即要从"数字"向"智慧"转变。具体体现为水利信息化的"三个一",即"一张图、一个库、一个门户"。一张图指统一的地图服务,提供包括基础地理信息、水利基础空间信息和水利业务专题信息服务;一个库指统一数据的管理,构建统一的数据交换框架,规范交换流程和方法,支持常规数据、大文件数据、同构数据库等数据的管理,为各业务应用提供数据平台,进而实施信息化资源的可控制、调配和共享;一个门户是在资源有效共享和统一管理基础上,将各种应用系统、数据资源和网络资源集成到一个信息管理中,使用 Web Services、服务总线、资源目录服务等技术,提供资源的服务化封装、发布和管理,支撑对信息化资源的共享和开发利用。

3.2.2 提升灌区信息化应用能力需要

疏勒河灌区信息化经过十几年的建设,取得了显著的成就。继疏勒河流域灌区信息化系统投入运行之后,疏勒河流域水资源局又陆续补充或新增建设了一系列信息化项目,应用成果丰硕,包括斗口水量监测系统、南干渠全渠道控制系统、24 个斗口测控一体化系统、双塔水库信息化系统、水权交易平台、网络视频监视系统、雷达断面监测系统、综合试验站数据采集系统等。

但这些系统基本保持各自独立,散布于各相关站所,在实际运用中,这种传统的信息系统分散建设模式所带来了的问题逐渐显现:① 业务应用系统数据库标准、来源不统一,数据融合困难,数据深加工难以实现,水利信息数据浪费严重,产生"信息孤岛"现象,导致数据共享困难;② 部分系统重复进行地理信息基础功能的开发,但相互之间却难以共享;③ 不同业务应用系统开发环境、语言不尽相同,不同系统之间模块调用非常困难,导致服务难以共享。

按照水利信息化"三个一"标准对灌区信息化系统进行升级耦合,才能不断强化信息化系统在灌区管理中的作用,提升灌区信息化应用能力。

3.3 升级耦合后灌区信息化系统需求分析

3.3.1 灌区信息化系统功能需求

升级耦合是按照"一张图、一个库、一个门户"的"三个一"原则对疏勒河灌区信息化系统进行完善、升级、整合的,因此其建设需求包括水资源数据监控、数据传输网络、应用软件系统和集成整合等四方面的工作。

3.3.1.1 水资源数据监测、监视与控制

合理布局监测站点,充实完善流域水文、生态监测体系,补充和完善重要水文控制站及测报设施设备,建立水资源-生态实时监测(控)系统。

1.信息采集功能

系统需要采集现场监测站的水位、流量、地下水位、闸门数据以及现场设备状况、参数数据;可采集植被覆盖面积等参数。

2.闸门监控功能

实时采集闸门开度、水位等数据,能对闸门进行现地控制和远程控制。

3.视频监控功能

对部分重要启闭设施、枢纽和渠道重点段落进行实时视频监控,实现灌区管理所、站、段无人值守,少人值班。

3.3.1.2 数据传输、管理与展示

1.数据存储、管理与共享

建立传输网络及信息平台,实现各部门之间数据的共享。提供数据长期存储的平台,提

供方便的管理手段。

2.信息查询发布及电子办公功能

实现信息的内、外查询,实现信息发布功能及内、外电子办公功能。

3.电子地图浏览查询功能

对流域地形、水系、重要水利工程、组织机构等电子地图进行综合编辑、浏览查询。

4.其他服务功能

可利用多种方式对数据进行展示,提供用水业务申请及审批功能,并提供打印功能。

3.3.1.3　数据应用功能

开发或完善水资源分析评价、生态环境监测与评价、水资源调度管理、水资源事务管理及公共服务系统。

1.地表水资源优化调度

通过采集而来的数据以及各类用水需求对水资源实施科学合理的调度决策。

2.综合效益评价

通过采集数据对灌区进行经济效益、社会效益、生态效益评价,为水资源配置及利用效果提供评价手段。

3.地下水监测

实现地下水位动态监测功能,提供分析地下水与地表水的交替转换规律以及地下水补给动态变化规律的功能。

3.3.1.4　数据整合与系统集成

将独立开发的各信息化成果进行整合与集成,构建统一的灌区信息化管理平台。

集成整合:斗口水量监测系统、澳大利亚一体化系统、骨干渠系各分水口雷达监测断面系统、南瑞斗口测控一体化系统、正在建设的水权交易平台、水科所试验站相关数据、双塔水库大坝安全监测系统、现有各水库/各干渠主要分水口视频监控系统、局属各电站监控系统等主要运行状态集成整合。

3.3.2　灌区信息化系统性能需求

3.3.2.1　性能需求分析

(1)可靠性:系统运行安全可靠,故障率不能影响调度控制,系统应有足够的备用措施,全部设备和软件系统 7×24 h 不间断运行。

(2)可维护性:能够方便地进行用户管理,方便地定义任意用户的功能模块访问控制,能够方便地进行各类资源的统一管理,主要包括服务器、计算机终端、各类数据、各类软件资源等,能够方便地进行各类升级。

(3)可用性:按照需求实现全部调度控制作业及相关作业功能,并计算无误。

(4)扩展性:能够适应未来需求的变化,方便灵活地增加新功能模块,最大限度地保护现有投资,最大限度地延长系统生命周期,最大限度地保护系统投资,充分发挥投资效益。

(5)灵活性:现有功能可重组生成新业务功能,当某些业务需求变化时,能够方便地进行业务流程定义和重组。

(6)易用性:适应各类用户和各业务特性,界面友好,尽可能地提供可视化操作界面,对于某些用户信息界面能够自组织定义。

3.3.2.2　性能指标

系统性能应满足以下指标：

（1）系统数据收集的月平均畅通率应达到：平均有 95% 以上的遥测站把数据准确地送到中心站，数据处理业务的完成率应大于 95%。

（2）信息中心和管理处之间通过光纤网络传输数据的通畅率达到 99% 以上。

（3）信息中心和管理所之间通过 VPN 传输数据的通畅率达到 99% 以上。

（4）在满足仪器正常维护条件下，现地监测点、信息中心设备平均故障时间 MTBF≥25 000 h。

3.3.2.3　设备性能需求

（1）系统的设备应能在以下温度和湿度条件下正常运行：

①信息中心、管理处：温度为 0~45 ℃，相对湿度小于 80%。

②管理所及现地监测监视站：温度为 -35~45 ℃，相对湿度小于 90%。

（2）系统电源设计应满足下列需求：

①现地通信传输站、信息中心站交流电源：单相，220 V，允许变幅±10%，（50±1）Hz；三相，380 V，允许变幅±10%，（50±1）Hz。交流电源需采取稳定、滤波等措施，保证电源电压值符合设备要求并抑制经交流电源引入的干扰。信息点应配不间断电源，提高供电系统的可靠性。

②现地监测站：太阳能供电系统供电，电压 12 V，允许变幅为 10%~20%；容量能够保证设备连续工作 30 d。采用交流电源供电的点，要求供电稳定性达到 99%。

（3）系统防雷设计应满足下列需求：

①应保证系统的可靠运行，防止从电源线、遥测设备与传感器间的信号引入雷电损坏设备。

②安装避雷针，避雷针接地电阻应小于 10 Ω。

③交流电源输入端可增加隔离变压器或其他防雷装置。对于监测站采用太阳能电池浮充供电，避免交流电源引雷。

④室外电缆采取良好的防雷措施，防止信号线引雷。

⑤交流电源接地、防雷接地和设备接地各自单独引线接地。

3.3.3　灌区信息化系统安全与保障需求

3.3.3.1　安全需求

按照《甘肃省水利厅办公室关于开展网络与信息安全等综合检查的通知》（甘水办综发〔2016〕89 号）要求，甘肃省水利厅检查组于 2016 年 12 月 2 日对疏管局网络与信息安全、密码应用、门户网站、软件正版化、保密管理等方面进行综合检查后下发《关于对省疏勒河流域水资源局网络与信息安全等综合检查的反馈意见》（甘水网信办发〔2017〕1 号），意见指出疏管局存在机房基础设施不完善、网络安全管理制度不健全、重要应用系统及数据库等未建立备份机制、网络传输和信息系统商用密码应用程度低、网络使用的 H3C 路由器（自带 VPN 功能）不属于密码产品、官方网站省外托管安全不可控等一系列安全隐患需要消除，因此系统设计安全需满足如下需求：

（1）现场设备安全：需要确保现场设备具有防盗和防破坏保护。

（2）设备运行安全：设备自身完整性、完好性需求，以及操作时人身安全需求。

（3）网络安全：需要具备网络安全措施。

（4）硬件设备安全：对硬件设备性能的需求，保证设备具有较高的质量安全。

(5)信息安全:需要具有对重要信息的保护措施。

(6)软件使用安全:需要软件具有身份认证功能,容错能力强,运行过程中鲁棒性好。

3.3.3.2 保障措施需求

各种保障措施是确保整个系统开发建设和安全可靠运行的保证,基本需求包括组织管理、技术标准、管理队伍现代化建设及系统建设效益保障等内容。

1.组织管理需求

根据机构设置和职能,需要建立完善的运行和维护管理体制,系统运行和维护需要建立统一和分级管理相结合的模式进行高效管理。

2.技术标准需求

要遵循和使用国家标准或部颁标准、行业标准,以实现开放性与可扩充、可发展性。制定信息资源共享标准,需要在信息采集、传输、交换、存储、共享等环节采用或制定相关技术标准。制定应用系统开发标准适应复杂信息应用系统的开发建设。

3.管理队伍现代化建设需求

为了保障系统正常、高效运行,需要高素质的管理人才和技术人才作为系统支撑。

4.系统建设效益保障需求

对于这样一项规模庞大的、复杂的、高起点的系统工程,需要统一规划,将基础实体环境和硬件设备与工程建设同步实施,打好基础,避免重复建设、浪费资金,保障经济、高效、有序地达到预期的目标。

3.3.4　灌区信息化系统业务流程分析

本系统涉及的主要管理业务包括以下几个方面:

(1)地表水监测。

基层管理处负责监测、分析数据,形成报表,与信息中心共享数据。

(2)灌溉用地表水监测。

灌区管理所、段、站负责监测,分析数据,形成报表,上报灌溉管理处,由信息中心调取数据。

(3)灌溉用地表水监控。

灌区管理所、段、站负责监测、分析数据,形成报表,上报灌溉管理处,与信息中心共享数据;由灌溉管理处下发控制指令,由灌区管理所、段、站负责执行。

(4)地下水位监测。

疏管局和水文局共同监测,共享数据,共同分析数据,形成报表。

(5)泉水监测。

管理所、段、站监测、分析数据,形成报表,上报灌溉管理处,由信息中心调取数据。

(6)植被监测。

局信息中心定期采样植被覆盖数据、分析数据,形成报表,录入数据库。

(7)地表水资源优化调度。

综合考虑新的用水需求,生成水库调度方案(包括洪水调度方案和闸门调度方案),合理调配昌马水库向其他两座水库的输水,正确调度和控制各水库泄洪建筑物的启闭,实现三座水库的优化调度运行。地表水资源优化调度的业务流程如图3-5所示。

具体的业务流程如下:

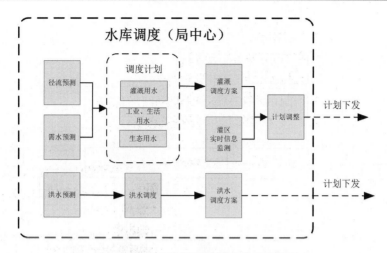

图 3-5　地表水资源优化调度的业务流程

①水文测报:包括水情测报。

②洪水预报:对流域汛期的洪水进行预报。

③需水预测:对灌区的灌溉用水和生态用水量进行统计评价预测。

④调度计划制订:制订闸门调度计划方案和汛期的洪水调度计划方案。

⑤调度计划调整:当管理处用水计划发生调整时,相应地调整调度计划;批复管理处用水计划申请。

⑥水资源优化配置系统:水资源优化配置系统对用水需求的分析,优化配置灌区的水资源,合理分配用水,提高水资源的利用率。通过水资源优化配置系统,生成灌区、工农业、生态配水方案。

⑦用水计划申请与批复:由管理处提出,根据当前灌区内自身需水和用水情况,结合灌区内的水情现状,提出合理的用水申请,确保水资源的合理利用。用水申请包含以下内容:申请单位、申请时间、用水时段、用水量、用水去向(详细的用水计划表)。信息中心接收到来自管理处的用水申请以后,结合已有的用水计划,对用水申请里面的每一项进行严格审查,然后确定各部分以及整体的配水量,最后对申请做出批复,发送至管理处。批复申请包含以下内容:申请单位、申请时间、批复时间、批复有效期限、用水时段、用水量、用水计划(详细列出已批复水资源的用途和去向)。中心对于接收到的用水申请和发送出去的申请批复都应该进行存档,分别进行编号,录入数据库,以便之后进行历史记录的查询和数据分析。

(8)经济、生态、社会效益评价。

评价报告经过专家评审,形成相关结论后即归档备查。

升级耦合后的灌区信息化系统各业务与系统功能之间的关系如图 3-6 所示。

升级耦合后系统业务流程如图 3-7 所示。

3.3.5　灌区信息化系统数据流程分析

系统中需要传输的信息包括水位(流量)、水文、工况数据、地下水位、泉水流量、植被覆盖面积、业务办公数据、网络访问数据、空间属性数据等。

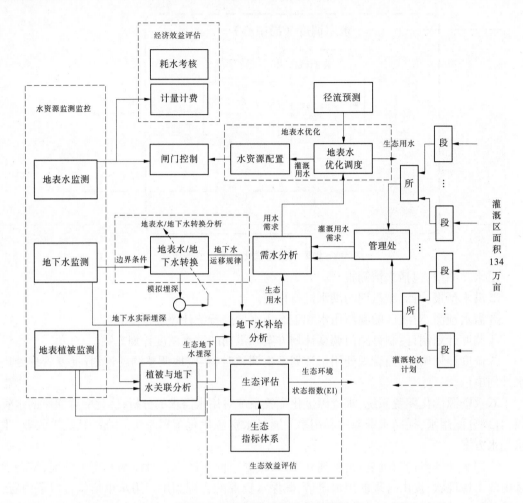

图 3-6　现有系统功能及业务逻辑

根据疏勒河干流水资源监测和调度管理信息化工程的设计目标,对于业务数据信息中的监测信息,系统能够实现在信息中心的统一管理,任何一级的终端用户通过客户端,可查询其地域的管辖范围之内工程相关的各种监测信息;对于业务数据信息中的控制信息,系统则应该能够按照层级之间的权限关系进行严格认证,以保证高等级用户的控制权限,从而起到真正的高等级用户对低等级用户使用控制过程的监督和控制,其中,现地站作为信息化系统的最后一层,应具有最高的控制权限。数据流程如图 3-8 所示。

3.3.6　灌区信息化系统业务应用需求

3.3.6.1　水量调度需求

1.水量调度日常业务处理功能

水量调度日常业务处理功能主要完成水量调度日常业务处理工作,为水量调度方案编制、综合决策会商提供基础支持。

通过各级日常业务处理功能的设计开发,可以有效规范信息中心、管理处的水量调度日常业务处理工作,使日常业务处理工作规范化、程序化、自动化,提高水量调度日常处理工作的效率。

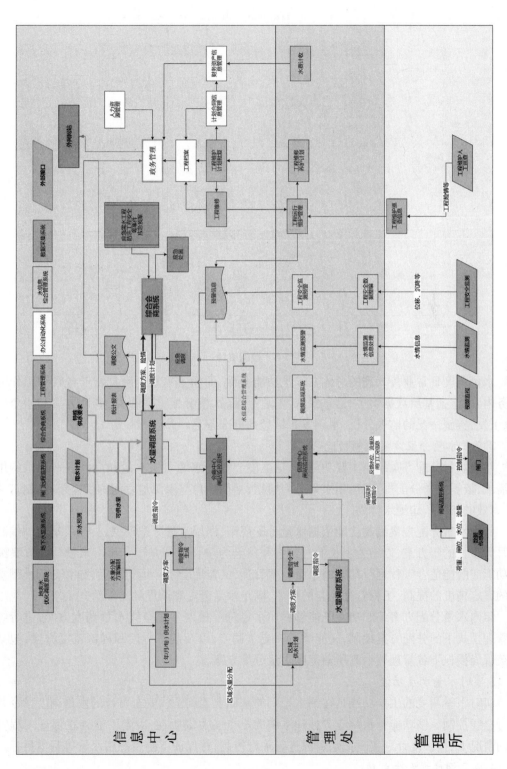

图 3-7　升级耦合后系统业务流程示意

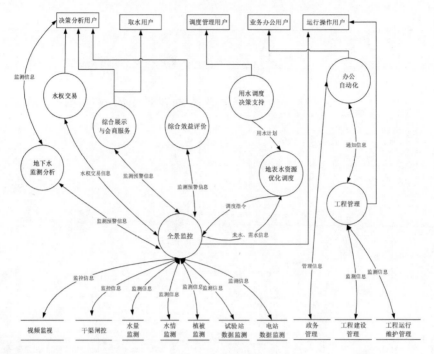

图 3-8　数据流程

水量调度日常业务处理的总体要求是功能全面,即涵盖水量调度日常业务管理工作的业务内容,包括基层数据收集、信息录入、汇总上报,水量分配方案报批、调度方案和指令生成、下发,实施情况的监视分析,水调发布信息数据准备等。

2.年内水量分配方案编制功能

年内水量分配方案编制主要功能是:信息中心根据水源可供水量和沿线各地提供的用水需求,依据水量分配规则,运用水量分配模型,平衡用户与水源地之间的供需矛盾,制订科学、有效的年、月、旬配水计划。

年内水量分配方案编制功能依据水量分配规则,调用水量分配模型,会商决策滚动编制以月为步长的年方案、以旬为步长的月方案和以天为步长的旬方案。年内水量分配方案编制功能应既能适合工程运行初期的水量分配管理,又能适合多年运行之后,随着分配模型参数的率定精度的提高、工程管理经验的积累,满足水量分配和调度的精细管理要求。

年内水量分配方案编制功能既能够调用水量分配模块生成全线水量调度方案,进行统一管理模式下的分配方案编制,又能够适应应急调度,以及制订分段和局部调度方案,包括在疏管局授权下各管理处编制所辖范围水量分配方案。

3.实时水量调度功能

实时水量调度的主要功能是在调水计划的基础上编制全线安全可行的水量调度指令并进行全线控制。该功能是水调业务处理系统的难点及关键所在,决定了能否在保证工程安全的情况下,按调度计划实时把水资源进行输配控制,并保证下游生态用水量等基本目标。

4.应急调度方案生成功能

工程运行风险根据成因不同可以分为河道或湖泊防洪安全风险、调度安全风险、工程安全风险以及突发应急供水风险。应急调度功能能够接受闸站监控系统反馈的运行险情、工程安全监测管理系统反馈的工程安全险情以及各级管理机构接到的辖区特殊需水要求等,按照工程运行安全系统和工程安全系统等相关系统提出的针对险情的调度要求,采用相应的应急调度预案,发布应急调度指令,来满足不同水量调度应急险情的要求。

按照不同的出险类型,应急调度包括以下 3 个功能:运行险情应急调度方案编制功能、工程安全应急调度方案编制功能和特殊需水应急调度方案编制功能。

5.水量统计与水费计算功能

水量统计与水费计算功能是一个关乎流域水资源调度能否高效率运行的重要工作。水量统计与水费计算应能依据闸站监控系统的运行摘要数据,统计分析流域内闸站、分水口的实时水量过程,并对引水过程根据水量损失分摊原则按日、旬、月、年进行引水量分时段统计,统计结果写入水量调度数据库。同时,该功能按照各分水口引水量统计,为水费征收、调度评价、效益分析、信息发布等提供数据支持。

水量统计与水费计算应为调水管理提供细致的分水口统计和各级、各时段汇总功能。

6.水量调度方案评价功能

该功能利用评价模型和评价指标对年、月、旬水量分配方案进行事后评价。评价内容至少包括输水能力、输水效率、调度效果、用户满意程度、工程安全和维护、用水需求、供水保障率、计划执行情况、水量损失、收益率等。评价结果用于为滚动修正调度方案。

3.3.6.2 水务结算管理需求

通过采集输水管线进水口与各分水口流量数据,并和自动化系统实现数据通信,在软件平台上显示、存储,并自动生成报表和曲线,进行水量计量分析与统计,为水费征收、调度评价、效益分析、信息发布、制订分配计划等提供数据支持。

3.3.6.3 一体化管控的需求

传统的闸门监控系统、水情测报系统、工程安全监测系统等自动化系统,独立建设、独立运行、独立维护,"各自为政",形成一个个信息孤岛,各系统的资料数据不能形成资源共享,不能有效地综合利用,造成信息资源的浪费。因此,非常有必要采用一体化管控平台技术,将传统的闸门监控、水情测报、工程安全监测等业务统一至同一个平台上,实现统一的数据采集、统一的数据存储与管理、统一的监视与应用。

由于工程要采集、存储、处理、调用的数据量大、类型多,必须建立一个数据中心对信息进行加工,使各种类型的信息、数据形成统一的格式,便于信息的管理和共享。在一张图的基础上实现闸门、水情、安全监测、视频等各类业务的综合监视与综合应用,提高工程的运行调度管理水平,及时、全面、快捷了解工程的运行状况。

对闸控、水情、安全监测、视频、动环等产生的数据文件,统一进行存储管理,建立目录和索引,便于资料的综合查询与分析应用。

3.3.6.4 工程管理需求

工程运行维护管理系统需要满足在日常工程运行维护管理工作中的主要需求,着重实现五大功能需求:工程巡查维护、工程维修养护、突发事件响应、工程管理考核和工程维护信息管理。

1.工程巡查维护

工程运行维护管理工作中,需要常规性地对闸站、河道、各类建筑物、附属设施等内容进行巡视检查。工程运行维护管理系统能够实现巡查的管理功能。

据各种建筑物和设施的特点及巡视检查工作的具体实施要求,分为闸站巡查维护管理、河道巡查维护管理、河道堤防巡查维护管理、分水口门巡查维护管理、定期及专项检查管理。主要功能如下:编制巡视工作计划,按照工作计划进行巡查工作;能够对巡查工作进行记录;能够管理和维护巡查工作信息;如果发现突发事件,检查人员能够采用随身工具(GPS)、拍照、摄像等方式对突发事件进行详细记录和上报,同时如果能够现地处理,则现地处理及记录处理情况。

2.工程维修养护

能够对非常规的工程维护进行组织和管理。按照工程维护流程细分为以下七种功能:

(1)维护方案标准化模型管理功能,能够对运行维护方案标准化模型进行不断的维护和完善,并进行相应修正后的模型应用测试。对维护方案标准化模型不断进行维护和完善,使维护方案标准化工作更加客观公正、真实有效。

(2)工程维护方案及预算编制功能,管理所能够结合不同种类工程可能发生的工程维护情况编制工程维护计划及预算,并为维护工作提供依据。

(3)工程维护实施过程信息记录功能,能够对工程维护实施过程信息进行记录和管理。

(4)重大工程维护辅助决策功能,系统可以为工程制定重大工程维护决策做辅助支持,能够辅助生成可以执行的重大工程维护方案。

(5)工程维护方案实施计划编制功能,各管理处能够结合不同种类工程可能发生的工程维护情况编制工程维护方案计划。

(6)工程维护项目验收功能,各管理处对管理所的工程维护情况进行验收。

(7)文档及资料归档功能,各级管理单位能够按照文档及资料归档要求,对工程维修养护业务中产生的各种数据进行整理、分析和归档,对归档内容进行打印。同时,管理所能够对工程维修养护业务中产生的实体资料进行管理。

3.突发事件响应

能够对常规巡查时发现的不能立刻解决的突发事件进行处理和管理。按照突发事件的响应过程细分为以下五种功能:

(1)事件响应预案编制及管理功能,管理所能够结合不同种类工程可能发生的突发事件情况编制突发事件响应实施计划并管理执行。

(2)突发事件响应方案制订功能,疏管局能够结合不同种类工程可能发生的重大事件情况制订重大事件响应方案。各管理处能够结合不同种类工程可能发生的突发事件情况制订突发事件响应实施方案。

(3)方案实施计划及组织功能,管理所能够根据突发事件响应方案,具体地组织和进行突发事件处理。

(4)事件及方案实施信息采集功能,管理所能够记录突发事件处理情况并将数据提交到本系统。

(5)文档及资料归档功能,各级管理单位能够按照文档及资料归档要求,对突发事件响应业务中产生的各种数据进行整理、分析和归档,对归档内容进行打印,对工程巡查维护业务中产生的实体资料进行管理。

4.工程管理考核

能够对工程管理维护情况的考评进行组织和管理。工程管理考核模型管理功能,能够对运行管理考核模型进行不断的维护和完善,并进行相应修正后的模型应用测试。对工程管理考核模型不断进行维护和完善,使考评工作更加客观公正、真实有效。

5.工程维护信息管理

能够对工程运行维护相关信息进行查询和管理。按照工作流程细分为五种功能:

工程基础信息综合查询功能,能够对各类工程、附属设施等信息进行多种方式的查询、分析、统计功能。在查询、统计时,以文本和电子地图漫游(WebGIS 支持)两种形式进行,以最快捷的方式全面、直观地了解工程的各类基础信息。

工程生产运行信息查询功能,能够以文本和电子地图漫游(WebGIS 支持)两种方式对工程运行维护的信息进行查询、统计和分析。

工程维修养护信息查询管理,能够按照渠道、渡槽、闸门、水库等的日常检查、定期检查、不定期检查等要求进行工程巡检:反映检查的内容、时间、线路要求,按照固定表式填写、查询。

设备资源信息查询管理,能够建立设备台账,反映设备的基本情况以及变化的历史记录,提供管理设备和维护设备的必要信息。

工程安全应急管理,能够建立全局所有工程的安全台账,便于对生产情况进行实时查询统计。

3.3.6.5　治安管理需求

本工程供水范围覆盖较广,为了确保工程的安全可靠运行,需要将玉门、瓜州等地的治安管理纳入信息化系统。

3.3.6.6　办公自动化需求

办公自动化应围绕日常办公的需要,为疏管局及下属管理处分别搭建统一的综合性办公环境,实现疏管局内各部门之间办公信息互联互通,最终实现疏管局与下属单位的全程无纸化办公。通用办公是一个多部门、跨网络协作的大规模、全局性的业务应用,应用范围覆盖疏管局三级单位、全体工作人员,涉及大部分日常办公业务。

1.业务需求

(1)通用办公应能适应办公业务流程优化和重组的需要,可提供开放、规范的接口,方便与其他商用软件以及后续实施的其他系统进行整合。同时,可根据办公业务发展的需要,快速定制和调整业务流程及应用功能,扩展办公信息管理的应用。

(2)通用办公应具有领导办公、通用办公和公文管理等功能,各功能之间应实现业务协作和信息共享,为疏管局各级领导和所有工作人员提供服务。

2.功能需求

通用办公应用功能应该包括三类:领导办公、通用办公和公文管理等。

1)领导办公

为了方便领导的日常办公,领导办公必须充分考虑各级领导的业务需求,提供领导公务安排管理、领导信箱管理、领导讲话、网上公文签署、通讯录管理、查看部门工作、查看值班信息、查看电话记录、查看督办事项、查看公文批示情况等主要功能。

2)通用办公

通用办公面向的对象是疏管局全体工作人员,应能提供全面的个人辅助办公功能和协同工作功能,包括会议管理、网上调查统计分析、介绍信管理、行政管理、个人日程管理、物品管理、请假申请审批、网上便笺、即时消息、辅助写作办公、通用大事记管理、任务管理、通讯录管理、名片管理、邮件服务、电话记录等,使用户能够更有效地获取、利用和处理除业务信息外的其他信息,实现工作的高效、高速、科学和智能化,使单位和个人能够更高效、更便捷地进行工作。

3) 公文管理

公文管理是疏管局日常办公的核心业务,其特点是工作量大,过程复杂,原办文模式为人工传递。随着疏管局信息化发展与工作要求的提高,手工办文已严重制约了公文处理的效率。为此,需要实现电子公文管理,以取代手工办文流程,满足公文管理无纸化要求。

公文管理应具有实现疏管局各部门电子公文快速、准确、安全的网络化办理和流转,提供公文信息发布、查询统计、文件督办、流程跟踪、电子印章等辅助功能服务,实现各部门之间电子公文的互联互通,提高公文办理质量和效率,实现公文管理信息化。

3.3.6.7　公众服务需求

应提供内外网门户,为局内用户和社会公众提供应用交互接口。

内网门户提供的个性化服务是为局域网用户提供个性化的访问界面,以及有权访问的应用功能和信息内容,局领导、分管局领导和相关处室工作人员通过内网门户进行身份验证后,进入个性化工作界面,查阅相关信息。

外网门户提供公共参与、监督水资源管理的渠道,及时向用户、公众和社会发布水资源管理、流程审批动态信息,定期向社会各界公告流域水资源情势、开发利用保护情况和重要水事活动,引起社会各界对水资源的关注,提高全民的节水、惜水、保护意识。

3.3.7　灌区信息化系统用户分析

根据业务权限和数据权限的不同,将本系统的用户分成信息中心、管理处、管理所等三大类用户,每类用户涉及的业务功能和数据权限如图 3-9 所示。

其中,信息中心和管理处的用户又包括如下类别用户:

(1)系统管理用户:拥有对中心系统的管理和维护权限。

(2)信息中心领导用户:拥有全部业务功能使用权。

(3)部门领导用户:拥有和该部门相关业务的所有功能,包括汇总、审批、复核等功能。

(4)部门普通用户:拥有和该部门相关业务的基本权限,具体权限由部门领导用户根据其实际业务来灵活确定。

(5)对于水管所用户,其分类可根据实际需要来进行灵活定制。

3.3.8　会商服务需求分析

3.3.8.1　综合信息服务需求

信息服务内容应包括水量调度类信息、闸站监测和监视类信息、工程安全监测类信息、工程运行与管理类信息、工程防洪类信息、工程和环境可视化信息服务。

3.3.8.2　决策会商支持需求

(1)会商日程安排。

(2)会前文件准备。

(3)会商人员的登录。

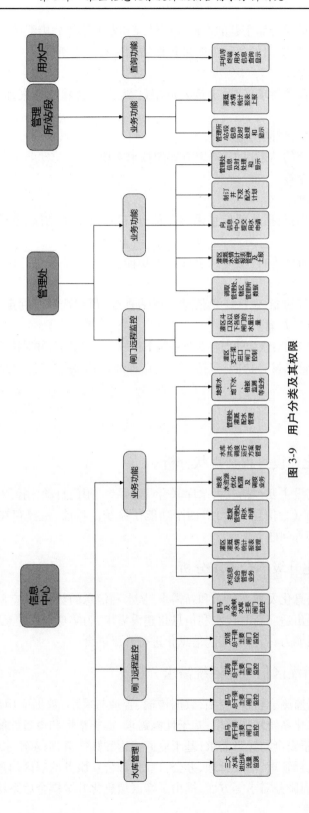

图 3-9　用户分类及其权限

（4）决策辅助人员对会商主题的当前实际情况和发展趋势分析汇报。

（5）群体会商,对所提出的各种方案进行评估和选择。当所提出的方案不满足要求时,提出制订新方案的要求。

（6）根据群体会商的要求,辅助决策人员制订新方案,并将新方案加入可行方案集中,转入第（1）步。

（7）选定决策方案,付诸实施。

（8）形成会议会商的结果报告,选定方案的技术文档。

（9）下达调度命令等。

3.3.8.3　应急响应需求

（1）应急信息汇集:包括外部信息采集功能、内部系统汇集功能、电话/短信分拣功能、电话/短信录入功能。

（2）应急信息分析评价:包括应急事件告警功能、应急事件分析评价功能、应急事件分析与评价交互界面。

（3）应急方案制订功能:包括应急信息及评估查询、预案选择及判定、模型选择设定及运行、方案评价与选定、方案下达。

（4）应急执行指挥功能:该功能向各业务系统下达应急调度方案,并对执行过程进行监督。

（5）档案管理与信息发布功能:包括归档信息查询、档案编目、档案管理、信息发布。

3.4　小　结

3.4.1　灌区信息化建设过程与现状分析

疏勒河信息化建设主要包括三大水库联合调度系统、闸门自动化控制系统、灌区水量信息采集系统、控制中心（含信息平台）等四个功能子系统。目前,主要存在信息采集布点和信息传输系统不完善等问题。

3.4.2　灌区信息化升级耦合需求分析

基于全国水利信息化发展新要求和新需求,从水利信息的基础性、空间性、专题性、集成性和共享性等方面提出适应新时代水利信息化建设需求,为实现灌区信息化管理的综合性,提升灌区信息化应用能力,需要对灌区信息化进行升级耦合。

3.4.3　升级耦合后灌区信息化系统需求分析

基于水资源数据监测、监视与控制,数据传输、管理与展示,数据应用功能,数据整合与系统集成的灌区信息化系统功能需求;基于性能需求、性能指标和设备性能需求的灌区信息化系统性能需求;基于安全与保障需求;基于业务流程和数据流程;基于水量调度、水务结算管理、一体化管控、工程管理、治安管理、办公自动化和公众服务的灌区信息化系统业务应用需求;基于用户和会商服务需求等方面,提出了灌区信息化升级耦合后系统技术需求。

第 4 章　灌区信息化系统升级
耦合总体设计研究

4.1　升级耦合总体设计思路

　　灌区信息化系统升级耦合在深入调查研究的基础上,以水资源统一管理的工作流程为主线,从业务需求分析入手,按照给定的建设目标和建设原则,给出系统的总体业务流程和数据流程,按业务需求、业务流程和数据流程确定各种业务系统功能,在拟定的系统总体框架基础上,借鉴目前国际、国内同类系统开发经验,为避免重复建设,便于工程实施操作和有利于管理维护的原则,以当今先进的工程运管信息化管理理念,从疏管局的整体业务和战略出发,按先进的灌区信息化架构对系统组成进行整合和优化,采用先进的、科学的信息技术,高起点搭建"升级耦合后的灌区信息化系统"总体框架,制定支持整体业务的各种应用、数据管理和基础设施的技术架构,并对疏勒河灌区的运行、维护、管理和发展制定组织保障、安全保障等管控体系。在确定的总体框架基础上,对系统的各组成部分进行功能设计,给出经济合理的技术方案。设计方案要求实用、先进、科学、合理、经济、安全、可靠,具有前瞻性和可扩展性。

　　随着信息化快速发展,数据存储、硬件平台、操作系统、不同时期的应用系统等资源不能共享的问题越来越约束未来的发展,迫使用户不得不花费大量的投资去打通这些信息孤岛,信息化程度越高,问题越严重,不得不浪费的投资也越多,所以统一应用支撑平台技术迅速诞生,并已被大量的实际工程应用证明其有效性,应对业务需求变化表现出灵活的适应性、面对新应用具有的扩展性、信息和应用资源方面高度共享性,显示出了应用支撑平台强大的生命力。为了使该系统具有良好的适应性、扩展性、高度的资源共享性,避免出现信息孤岛,系统建设应采用统一应用支撑平台化的设计思路。

　　而本工程的信息化系统建设内容众多,包括闸门监控、地表水监测、地下水监测、泉水监测、植被监测、电站监控、综合试验站等各专业监测监控业务,也包括水资源优化调度、洪水预报与仿真、地下水与地表水转换分析、灌区综合效益评价等高级应用业务,需将所有子系统进行有效整合并形成统一的数据中心和应用软件平台,高效地服务于流域相关领导和各级管理部门的日常业务应用,系统建设效果才能最大限度发挥。因此,本系统建设应采用统一应用支撑平台化的设计思路,综合集成现有各类信息化系统,建立统一的数据中心和统一应用系统,并提供统一的访问机制,实现不同权限用户的数据访问和业务应用,达到信息资源共享和业务协同的目标。

4.2　升级耦合总体设计原则

　　灌区升级耦合以国内外先进设计理念为依据,以服务灌区管理为出发点,本着技术先进、经济合理、安全适用、便于安装、满足维护使用要求,结合本工程中、远期发展规划,兼顾与上级水利管理部门等业务关联单位的互联互通,以节省工程投资和降低维护费用,提高社会效益及经济效益为原则进行设计。

4.2.1 技术先进、理念领先

为疏勒河流域灌区打造一套先进一流的水利信息化系统,需要从各个专业领域应用当前最新技术,结合工程特点和地域环境,在应用方面合理创新。在当前提出的"智慧流域"的全新理念正是针对水利工程普遍存在的、现有的自动化系统和信息化系统大多用于解决孤立的基础业务功能,而在业务信息高效共享、风险精准识别与管控、安全保障与应急决策指挥以及系统建设运维成本等方面存在的问题,结合信息技术的发展趋势,以全面支撑大型水利工程建管单位的战略需求和战略目标为立足点而提出。项目设计根据工程快速发展的需要,把先进的理念融入本工程中,按照"智慧流域"的理念建设调度信息化系统,实现工程的"精细化运行调度、精益化运营管理、精准化分析评估",打造出"智慧流域"理念的典型工程。

4.2.2 继承完善、新旧统筹

全面了解已建系统现状及使用情况,新旧统筹,充分利用已建系统,发挥系统建设的经济效益,完成系统升级改造与应用系统建设。本工程应继承和借鉴疏勒河流域灌区信息化系统工程项目设计、建设及运行过程中的经验,立足将来,建立一套完善的信息化系统。

4.2.3 统一平台、资源共享

采用统一应用平台的设计,建立统一数据中心和统一管控平台,集成各类信息化系统,打通信息孤岛;提供统一的访问机制,实现不同权限用户的数据访问和业务应用,达到信息资源共享和业务协同的目标;采用开放的架构,可集成不同厂家产品,灵活扩展后期的业务应用。基于平台,打破专业界限,高效整合信息资源,进行业务应用整合,构建各类智慧应用,提升系统运行效率。

4.2.4 集中部署、分级应用

在提高通信网络系统可靠性的前提下,采用集中部署、分级应用的模式,将服务器等信息化系统主要设备集中在局信息中心部署,现场仅安装必要的信息采集控制、动力环境设备,在信息中心、管理处、管理所(段)等业务应用单位,采用云桌面等方式访问业务应用软件,最大限度地减轻现场维护难度,提高系统运维效率。

4.2.5 先进实用、安全可靠

云平台、融合、一体化是不可逆转的信息化发展趋势。面对日益增大的数据量,在中心机房应建立大容量的云数据存储和云应用平台,实现全要素、多来源、多时空数据的标准化、规范化存储,实现水利业务应用系统的模块化、个性化、桌面化,为科学决策、优化调度和水资源统一管理提供强有力的技术支撑和保障。

4.2.6 统一标准、资源开放

标准,是系统建设的基础。标准体系,是规范、统一系统建设管理和运行管理的重要基础,也是系统信息和软件、硬件资源共享,系统有效开发和顺利集成,系统安全运行和平稳更新完善,以及后续扩展升级的重要保证。系统建设标准先行,对于国家、部委标准规范没有涵盖的内容应组织专门力量编制疏管局系统建设相应的标准。

在标准的支撑下,在统一管控应用平台的基础上,系统建设采用开放的建设策略,系统可以集成不同厂家的、不同环境的产品,可以容纳各类资源集成一体,最终达到设计建设目标。

4.3　升级耦合后信息化系统总体技术框架

充分利用疏勒河灌区已建信息化成果,在现有信息化系统进行升级耦合,升级耦合后的信息化系统包括四层三体系,即基础设施层、基础测控层、传输网络层、应用系统层等四层,各层均遵循标准规范体系、建设运行维护管理体系和安全运行体系等三体系,共七部分。系统总体框架如图 4-1 所示。

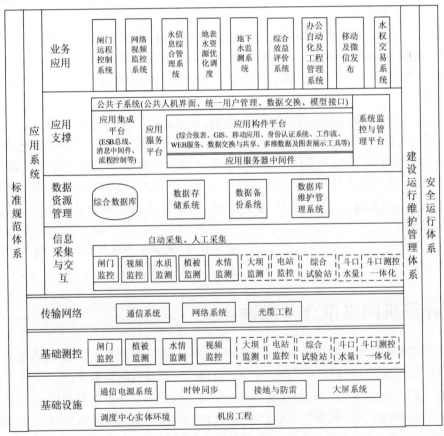

图 4-1　系统总体框架

(1)基础设施层:包括通信电源系统、时钟同步、接地与防雷、大屏系统、调度中心实体环境、机房工程。

(2)基础测控层:主要包括现地测控系统,是信息化系统的主要信息(数据)来源与控制信息输出关键平台,是信息化系统关键平台/子系统,包括各类信息的采集、传输、加工处理、存储和管理,它包括自动采集、人工上报、外单位接入的各类水情、水量、植被、电站、综合试验站信息,也包括接受上级应用系统及本地测控系统的闸门控制、视频控制等控制信息,并转发至现场执行机构及摄像机,实现闸门等设备自动控制及摄像机的远程操作。

(3)传输网络层:包括网络系统与通信系统,网络系统为本信息化系统各平台及平台中的各节点间提供数据交换网络通道。网络系统承载在通信传输系统上,即由通信传输系统为网络系统提供组网链路。在网络与通信传输网之间依据不同层次和带宽需求采用不同的接口连接。通信系统主要由程控交换系统、通信传输系统、通信综合网管系统、通信管道、通信光电缆等部分组成。

(4)信息采集与交互层:系统提供可配置的、透明的、统一的、满足安全要求的各类通信接口,支持与各类常用的监测监控系统、水情测报系统、水量监测系统、视频图像监视系统的通信接入。

(5)数据资源管理层:主要作用是满足海量数据的存储管理要求,整合系统资源,避免或减少重复建设,降低数据管理成本;整合数据资源,保证数据的完整性和一致性。通过数据的容灾备份,保证数据的安全性。数据资源管理层主要由各类数据库、数据库管理系统及数据备份系统三部分组成。

①数据库包括应用系统需要的实时、历史、文件数据库及元数据库。

②数据库管理系统主要是对各类数据库和元数据库进行管理。

③数据备份系统主要功能有数据存储管理、数据本地安全备份与恢复、数据的远程容灾备份与恢复等。

数据库面向各个应用系统的数据服务是通过应用支撑层来实现的。

(6)应用支撑层:是连接数据中心和业务应用的桥梁,其作用是实现资源的有效共享和应用系统的互联互通,为应用系统的功能实现提供技术支持、多种服务及运行环境,是实现应用系统之间、应用系统与其他层之间进行信息交换、传输、共享的核心。应用支撑层主要包括数据处理、权限、日志、数据查询、图形、报表、综合报警、综合展示、跨区同步等服务或组件。

(7)业务应用层:包括综合监控水信息综合管理、地表水资源优化调度、地下水监测、闸门监控、视频监控、综合效益评价、办公自动化、水权交易等业务。

4.4　计算机网络耦合升级设计

考虑到疏勒河流域水资源管理局原局域网基本采用公网 VPN 方式接入,水情数据基本采用 GPRS 无线接入,网络构成复杂。通过升级耦合对计算机网络重新梳理,为整个灌区的计算机骨干网络建设统一出口,加强网络安全配置。因数据业务类型相对单一,所以计算机网络综合考虑不做分区。根据其他信息系统建设经验,结合疏勒河灌区实际情况,因其管理地域范围广,管理点多,且现地管理所、管理站工作环境较差,而专业技术人员多以水利业务为主,计算机专业人员缺乏,之前配置的通信网络、工作站等设备大部分已无法利用,数据信息管理困难。结合目前市场主流计算机技术发展,疏管局计算机局域网采用桌面云方案和超融合数据中心方案进行设计,将整个数据中心划分为 7 个安全区域:自建专网出口域、终端接入域、视频类服务器域、网络管理域、视频类应用业务域、桌面云服务器域、超融合数据中心域,见图 4-2。

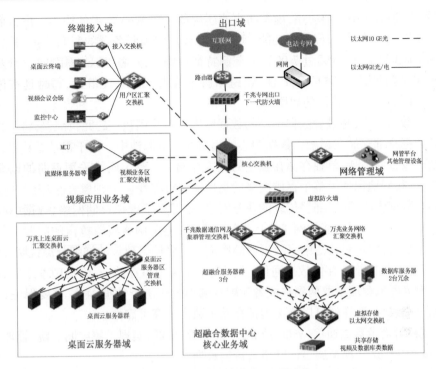

图 4-2   计算机局域网网络拓扑结构

4.4.1   出口域

本设计对由自建专网及 VPN 专网组成的计算机网络统一出口,VPN 专网、外网接入均通过出口域作为整个数据中心的出口,与下级单位互联,组建广域网均需要通过专网和 VPN 网络,因此这个出口是数据中心的重要边界,也是唯一边界。

网络边界的作用类似围栏,把风险和威胁抵御在边界外部,保障内部资产的安全。而访问控制类似的安全门,放行正常的人员出入,阻止不法人员和异常行为。当边界隔离和访问控制出现缺失时,就意味着大量的风险和威胁有可能乘虚而入。

因此,在网络边界需要考虑部署边界防护体系。首先,需要通过传统的防火墙手段,对边界所有与应用及正常用户访问无关的端口和服务进行封堵,对内部地址进行隐藏。其次,针对各类病毒、木马,以及利用服务器和终端漏洞进行入侵的黑客攻击行为,应进行有效防护,满足等级保护中的入侵防范及恶意代码过滤的要求。

4.4.2   核心业务域

核心业务域采用超融合架构进行设计,对应用服务器进行资源整合,建设超融合数据中心。通过超融合平台,不仅可以将服务器、存储、网络资源进行整合,实现数据中心整体的虚拟化及可视化管理;同时更重要的是,超融合架构能够整合各类虚拟安全组件,将虚拟化环境下,各类虚拟机之间的访问行为实时呈现给管理员,管理员可以根据需求,用这些安全组件,将各类不用应用的虚拟机进行有效隔离和安全防护,实现虚拟化环境下的高安全保障。

在超融合数据中心部署虚拟防火墙,对桌面云服务器域中,用户虚拟桌面访问过来的行为进行有效的控制和过滤,避免因为内网用户桌面中毒而出现的对服务器的攻击行为。同时,针对各类的核心 Web 类应用,虚拟防火墙还肩负着防 Web 攻击的职责。虚拟防火墙主要模块配置有:具备 IPS 入侵防御功能,实现针对客户端和服务器的漏洞防护;具备专业的 IPS 漏洞特征识别库,包含超过 7 000+的漏洞特征规则库;具备 Web 应用防护功能,实现针对 B/S 业务的防护,能够防护 SQL 注入、跨站脚本攻击、CSRF 攻击等;同时具有包含超过 3 000+的 Web 应用防护特征的规则库。

为确保数据安全,超融合数据中心的数据库服务器采用独立的冗余部署,将系统内全部非视频类数据全部存储在超融合数据中心的虚拟存储资源池中。由于视频类数据具有较高的带宽消耗及存储消耗,单独存储在独立的外置存储中。整个网络采用万兆的以太网光接口进行连接,很好地保证了整个存储网络的高性能及可靠性。

超融合数据中心,除了部署传统的业务网络,还部署了虚拟存储网络、数据中心及集群网络。三张网络将不同功能的网络流量进行了分流,避免网络资源抢占的问题,同时,当单网故障时,也不会出现对其他网络数据流的影响。三张网络建设的详细分类说明如下:

(1)存储通信网络。存储数据通信,主要用来实现虚拟存储中,磁盘副本之间数据的实时同步。因为虚拟存储采取两副本或者三副本的形式来进行数据存储,需要保证这些数据副本的完全一致性,这样就可以确保虚拟存储中数据的高可靠性。

(2)集群管理及数据通信(vxlan)网络。集群管理网络实现了集群间心跳、管理、虚拟机克隆、迁移、备份,这些都是通过该网络来传输数据。

数据通信网络实现了东西向流量(虚拟机和虚拟机之间)传输。它在跟外部通信时,通过 vxlan 网络,再转到虚拟路由器或物理出口。

(3)业务通信网络。南北向流量传输。作为物理出口,连接核心交换,承载外部用户访问数据中心的业务流量。

4.4.3　桌面云服务器域

桌面云不同于传统的 PC 部署模式,采用桌面云解决方案,极大地降低了终端的运维工作量,同时,用户桌面数据的集中部署也解决了传统 PC 数据分散化的问题,避免数据丢失、泄密等各类安全风险。

因为这样的集中化部署,桌面云服务器域承载着所有的用户虚拟桌面和用户数据,用户访问数据中心的行为,也是由这里发起,因此它类似于采用传统 PC 时,网络结构中的终端接入域,所以从安全角度出发,需要单独划分一个安全域,而不能通过虚拟化的方式,直接部署在数据中心。

4.4.4　终端接入域

主要部署各类桌面云终端、视频会议终端设备等。

4.4.5　视频应用业务域

主要部署各类视频业务的服务端,如 MCU、流媒体服务器等。

4.4.6　网络管理域

独立划分出一个区域,用来部署网络管理设备,如网管平台、安全设备集中管理平台等。

未来还可以选择再增加各类其他的安全管理系统,如堡垒主机、终端管理及防病毒服务器、安全分析平台等。

4.5　通信传输网络升级耦合设计

现有通信传输设备经过多年运行,目前已无法更好地满足当前信息化建设需求。大多设备技术落伍且已遭市场淘汰,无法提供售后技术服务,可靠性不足,运行性能差,需要更新升级。同时,考虑当前 4 芯光纤的传输总线带宽只有 155 M,带宽容量偏低,需要进行扩容改造。

在疏管局信息中心、昌马总干管理所、昌马水库管理所、赤金峡水库管理所、双塔水库管理所共计布设 5 个光纤通信中继站,采用波分复用技术(CWDM)对原有的传输容量进行扩容改造,在各站点分别配置波分复用技术所需设备(主要有复用器和解复用器),以满足该技术应用的硬件需求。通过设备的升级改造及波分复用技术的使用,可实现对数据传输网络的扩容,将目前的 155 M 总线带宽扩展到 10 G 的带宽。同时,在昌马及花海管理处、昌马西干工程所、双塔灌溉管理所、疏花干管理所等主要节点处设置汇聚交换机,保证主要业务的接入,见图 4-3。

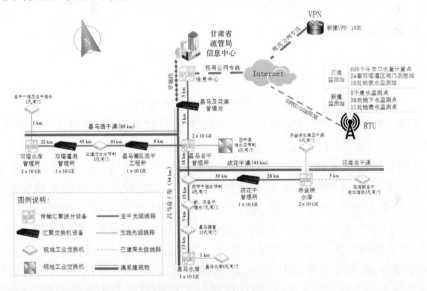

图 4-3　通信网络系统结构

光缆从疏管局分别向昌马水库、双塔水库和赤金峡水库三个方向引出,沿途覆盖包括信息中心在内的 12 个管理单位和所有的闸门控制点,施工线路长度约 207 km。双塔水库方向沿昌马西干渠架空敷设,接入 3 个管理单位,含昌马灌区西干工程所、双塔水库管理所、双塔灌溉管理所等 3 个所,共计约 85 km;昌马水库方向穿城段租用综合管廊敷设 5 km,沿昌马总干渠架空敷设 54 km,接入 3 个管理单位,含昌马总干管理所、昌马水库管理所等 2 个所及昌马和花海管理处,共计约 59 km;昌马总干管理所后在龙马电站处沿疏花干渠架空敷设,至花海灌区水管所方向沿线接入 2 个管理单位,含疏花干管理所、赤金峡水库管理所等 2 个所,共计 63 km。同时,10 处新建管理所 VPN 接入点通过租用运营商提供的 MPLS VPN 通道接入。

工程共涉及 9 个大型站点,分别为疏管局、昌马及花海管理处、昌马西干工程所、双塔灌溉管理所、双塔水库管理所、昌马水库、疏花干管理所、赤金峡水库、昌马总干管理所,其中疏管局、昌马总干管理所、昌马水库、赤金峡水库、双塔水库管理所共 5 个站点建设传输设备，其余站点仅建设汇聚交换机网络设备，挂在就近的传输设备下，这样既能够具备大的带宽，又不重复投资建设，充分节约成本。

通过工程的业务需求，推荐单波 10 G 的 OTN 解决方案，未来可升级为单波 100 G，整个通信网络拓扑结构如图 4-4 所示。

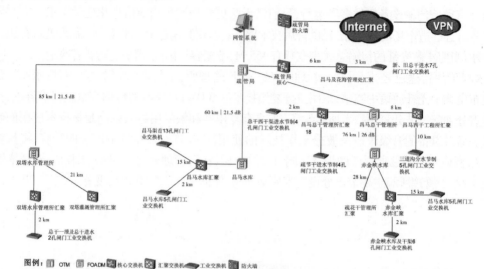

图 4-4　整个通信网络拓扑结构

考虑光缆芯数较多，建议将疏管局业务分成 3 对纤芯承载，分别对应 3 个光方向，这样可有效避免未来扩容和结构优化时波长窗口冲突、波道无法成环等情况出现。

疏管局信息中心作为核心节点，新建一套大型框式 OTN 设备，要求交叉容量不小于 3 T，提供至少 30 个业务槽位，分别与昌马总干管理所、赤金峡水库、双塔水库管理所等 3 个站点开通 30 G 带宽，配置 9 个 10 GE 光口，与昌马水库站点开通 10 G 带宽，配置 1 个 10 GE 光口，同时新建 1 台三层框式核心交换机，配置 1 块 16 光口万兆板，用于各站的 10 GE 端口汇聚，对接 OTN 传输设备，与各站点进行通信。昌马总干管理所作为枢纽节点，新建一端中型框式 OTN 设备，要求交叉容量不小于 1.5 T，提供至少 15 个业务槽位，与疏管局开通 30 G 带宽，其中本站使用 20 G，剩下 10 G 为昌马西干工程所提供专用传输通道。同时，新建一台三层盒式汇聚交换机，用于覆盖本站的业务，并通过 2 个 10 GE 光口下挂在本站的传输设备下，与核心交换机通过传输设备进行通信。

赤金峡水库为一般节点，新建一套小型盒式 OTN 设备，要求交叉容量不小于 0.8 T，提供至少 14 个业务槽位，与疏管局开通 30 G 带宽，其中本站使用 20 G，剩下 10 G 为疏花干管理所提供专用传输通道，提供 1 个 10 GE 光口，并新建一端三层盒式汇聚交换机，通过 2 个 10 GE 光口下挂在本站的传输设备下，与核心交换机通过传输设备进行通信。

双塔水库管理所为一般节点，新建一套小型盒式 OTN 设备，要求交叉容量不小于 0.8 T，提供至少 14 个业务槽位，与疏管局开通 30 G 带宽，其中本站使用 20 G，剩下 10 G 为双塔灌溉管理所提供专用传输通道，提供 1 个 10 GE 光口，并新建一端三层盒式汇聚交换机，通过 2 个 10 GE 光口下挂在本站的传输设备下，与核心交换机通过传输设备进行通信。

昌马水库为一般节点，新建一套小型盒式 OTN 设备，要求交叉容量不小于 0.8 T，提供至少 14 个业务槽位,与疏管局开通 10 G 带宽,同时新建一端三层盒式汇聚交换机,通过 1 个 10 GE 光口下挂在本站的传输设备下,与核心交换机通过传输设备进行通信。

昌马及花海管理处新建一套三层盒式汇聚交换机,直接通过 1 个 10 GE 光口与核心交换机进行通信。

4.6　综合应用系统升级耦合设计

水利工程建设是国民经济建设特别是工业、农业生产的命脉,随着现代科技的快速发展,水利工程管理已经进入了信息化时代。利用云计算、大数据、物联网技术、遥感技术、遥测技术等现代化技术手段建设水利综合管理信息平台将大力推动水利工程建设的管理和发展。升级耦合后的信息化系统能在统一平台上实现各类测控与调度专业应用,信息管理应用及决策支持应用。

综合应用系统主要由数据汇集平台、应用支撑平台、业务应用系统(具体包括闸门远程控制系统、网络视频监视系统、水信息综合管理系统、地表水资源优化调度系统、地下水监测系统、综合效益评价系统、办公自动化系统、工程维护管理系统)等组成。

4.6.1　数据汇集平台

4.6.1.1　总体结构

数据汇集平台实现疏勒河干流水资源监测和调度管理各类专业数据的采集、处理、远程指令交互,形成当前时刻的系统全景数据,经过一系列专业处理后由系统统一完成存储。系统的各个功能可使用通用的数据接口访问实时数据,实现实时数据的共享。数据类型主要包括闸站设备运行状态、水情测报、电站监测、视频图像等数据,数据汇集平台由信息采集系统、数据处理系统、控制交互系统组成。

采集与传输的数据有:①流域水文站的流量、降水量、洪水及泥沙资料;②流域雨量站的降水量资料;③水库设置监测站的流量、降水量资料;④灌区气象资料;⑤灌区用水资料;⑥水库水情资料。

系统提供可配置的、透明的、统一的、满足安全要求的各类通信接口,支持与各类常用的监测监控系统、水情(地表水、地下水等)测报系统、视频图像监视系统的通信接入。数据汇集平台的总体结构如图 4-5 所示。

4.6.1.2　信息采集系统

1.采集内容

通过水位传感器、雨量传感器和流量传感器自动采集水库水位、降水量、入库流量与出库流量水情数据;根据水利部对水情测报系统的要求,具备自动上报数据的功能;同时,根据实际需要具备支持应答查询的工作模式,即在特殊情况下,需要对某一个遥测站点的数据进行实时采集,上位机可以通过无线传输模块随时查询任意遥测站点此刻的真实水情数据和历史数据,对水库实时状态有一个实时、精准的监测。

数据采集终端将转换之后的水情信息通过串口读取进来,经过公式转换,在其内部转换成真实的数据值,再经由无线数据传输模块将真实的数据发送出去。传感器流出的电流信号经过采样电阻转为之间的电压,单片机采集模块通过通信接口把已经转为数字量的电压

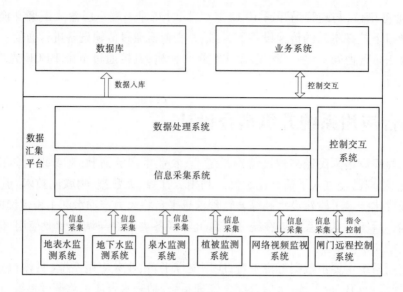

图 4-5 数据汇集平台的总体结构

值读取进来,并把计算得出的真实数据通过无线模块自动上报传输,并把数据保存在单片机的程序存储器里,防止在恶劣的环境中数据掉电丢失。

2.通信管理

基于水利工程的各类信息交互的标准协议,实现与不同类型自动化系统以及上级调度机构进行标准通信服务接口。实现雨情、水情、工情、旱情、灾情、水质、水保、水环境等各种涉水要素和信息的实时监测和动态监视监控,为水资源优化配置调度、水环境快速监测评估、水土资源合理开发利用、洪涝灾情超前预报分析提供基本信息资源,满足水利综合业务信息管理工作的需要。

传统的闸门控制系统是按照各自的控制回路将设备进行一对一连接,但是现场总线的出现颠覆了这种连接方式,实现分散控制,不再直接依赖于各类仪表,实现数据采集远程化、智能化,降低了应用成本,简化了结构,提高了可靠性和维护性。

现场总线——将各类智能仪表组建通信网络,实现参数监控、远程控制、自动报警等功能。因为该系统是一个开放的系统,遵守相同的通信标准,用户根据自身的要求,将不同厂商生产的智能仪表组建,可进行数据交换的通信网络,功能类似的设备之间可以取代,提高了系统通用性。

通道参数——对水利工程需要通信的链路进行配置,包括链路名、目标地、协议类型、对方地址等内容。

协议分析——对通信的每条链路显示报文,并且自动将报文根据协议解析。

数据监视——监视每条链路传输的每个数据点的接收和发送情况,有利于及时发现问题并解决。

3.信息接入

信息接入服务提供定时数据采集、实时数据采集、监测站配置三种功能。

1)定时数据采集

由监测站发起数据通信过程,监测站对数据进行定时采集,按照预先设置的发送时间间隔发送到监测中心。

2）实时数据采集

由应用系统发起的数据通信过程,应用系统通过数据接入服务向监测站发出查询指令,监测站接到指令后立即执行数据采集操作,并将结果立即通过数据接入服务回馈给应用系统。

3）监测站配置

由应用系统发起的数据通信过程,应用系统通过数据接入服务向监测站发出改变上传数据时间间隔等监测站配置指令,监测站接到指令后立即执行命令,并将命令执行结果立即通过数据接入服务回馈给应用系统。

4.6.1.3　数据处理系统

数据处理系统实时接收地表水、地下水、泉水、视频信息采集系统发送的数据,对接收到的数据预处理和质量检查,统计分析数据采集情况,按照管理中心数据库结构体系入库,并完成入库后数据的检查。

数据处理系统是整个系统的核心,负责处理和传送所有的业务数据,包括预处理、分拣、发送、接收、入库。

1.数据预处理

数据预处理模块根据配置,定时检测录入文件、目录文件、接口文件和接收文件,判断是否有新的数据需要处理。处理后形成分拣所需的统一格式的数据,存入预处理文件,供分拣模块使用。

2.数据分拣

数据分拣模块启动时读取目标地址表和映射表,定时检测预处理文件,判断是否有新的数据需要处理。处理后所有数据存入落地文件,供入库模块使用;另外根据数据的关键标识,查找目标地址,如果需要转发则保存数据到发送文件,并在对应的属性中填入目标 IP 地址和冠字流水号。

3.数据发送

数据发送模块从文件监控模块获取需发送文件路径(或文件数据流)、需发送至的服务器 IP,进行网络状态检查,如果网络不通或延迟过长则不进行后续操作并提示警告,直至网络连接畅通。之后对指定服务器的接收队列进行容量检查,当接收队列的剩余容量小于预先设定值时,将不进行后续操作,并提示警告。队列剩余容量符合要求后读取文件内容,将要发送的文件(文件数据流)进行分片,逐片发送至服务器队列中,分片完成后发送一个 FML 格式数据,若发送过程中出现错误则进行事务的回滚,该文件需重新发送。FML 数据的作用在于记录文件分片后所生产的分片号,以便在接受时按顺序接收,从而保证文件在传输过程中的一致性。操作成功返回成功标志(1),若失败返回失败标志(-1)。操作完成将发送成功(或不成功)消息进行备份,按天生成备份文件。

4.数据接收

数据接收模块先对接收服务器进行网络状态的检查,当网络不通或延迟大于规定值时不进行后续操作,直至网络畅通,然后对队列情况进行检查,确保服务器和队列运行正常。监听指定服务器队列中特殊标志(corrid)为指定值的消息,若存在则获取该消息(该消息为 FML 数据消息)内容。根据该消息内容确定需接收消息 ID 及文件分片起始流水号,在队列中逐个获取消息,将数据写入指定文件中。操作完成后将返回一个数据是否接收成功标志,并提交至发送方。

5.数据入库

数据入库模块是根据落地文件的类型配置的,分别处理各种类型数据的入库操作。根据数据类型则通过数据转换程序处理,将落地文件中的信息存入指定库中,其中正文信息将以二进制方式存入数据库。

6.任务管理

数据处理功能需要通过任务调度进行触发,包括任务调度管理和任务执行两方面的功能。

4.6.1.4　控制交互系统

实时现地闸门系统上送的各监测数据、运行报警、操作信息等,格式化处理后写入统一数据库;将应用系统下发的控制信息转发给闸门监控系统,电站数据只采集不控制。

具体包括以下几个方面:

(1)接收现地监控系统的数据。

(2)向现地监控系统转发控制命令和数据。

(3)实现与信息化综合平台的数据交换。

(4)预留与其他系统通信接口。

4.6.1.5　数据管理平台

1.总体结构

升级耦合后的灌区信息化系统建立统一的数据管理平台,建立横跨各安全分区以及信息中心与管理处之间的数据交换总线,同时提供对实时数据库、关系数据库、文件数据库等标准接口,从而实现闸站监控、安全监测、水情等各类信息的存储、管理及与应用系统、信息汇集平台的交互。

数据管理平台针对工程各业务工作流程的特点,建立统一的数据模型,通过采用成熟的数据库技术、数据存储技术和数据处理技术,建立分布式网络存储管理体系,满足海量数据的存储管理要求,保证数据的安全性,整合系统资源,保证数据的一致性和完整性,并形成统一的数据存储与交换和数据共享访问机制,为一体化应用平台建设及闸站监控、水情等应用系统提供统一的数据支撑。

系统内各功能或外系统提供不同类型数据库的通用数据访问接口,实现历史数据的入库存储和查询功能,屏蔽底层数据的差异,并可在此基础上开发应用的数据业务接口。历史数据保存的时段可分为秒、分、时、日、旬、月、年等,数据需带有数据来源和修改标识等。数据管理平台的总体结构如图4-6所示。

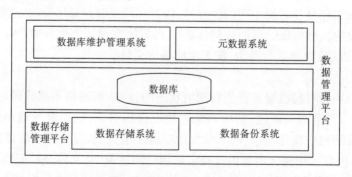

图4-6　数据管理平台的总体结构

数据管理平台的总体结构包括数据存储管理平台、数据库以及数据库维护管理系统等部分。数据存储管理平台主要是完成对数据存储平台的管理,对数据存储体系进行统一管理,包括存储、数据库服务器及相关网络基础设施,针对业务应用系统运行管理要求实现对数据的集中存储管理。

按照系统总体框架的要求,数据服务则是通过应用支撑平台的公共数据服务功能来实现的,是面向各个应用系统的;面向应用系统的专业数据服务则通过相应的专业数据服务来实现。

2.信息资源规划

1)信息化资源规划内容

升级耦合后的灌区信息化系统对测站,渠道,闸门,用水户,河流,水库,人口,耕地,房屋,公共设施,财产管理站、所、段等各类基础对象采用面向对象的统一数据模型对基础数据、综合服务和日常工作等数据进行规划设计,实现数据空间、属性、关系和元数据的一体化管理,统一对象编码,统一数据字典,为业务应用系统提供高效的数据支撑。

对象按照成因分为自然、非自然两个大类。其中,在自然大类下,按照对象位于地表还是地下,分为地表、地下两个中类;按照对象在水资源迁移过程中的作用,在地表中类下,分为集储水单元、输水通道两个小类;在地下中类下,分为集储水单元、输水通道两个小类。在非自然大类下,按照对象是否属于设施类,分为设施、非设施两个中类;在设施中类下,按照对象的组成及可拆分性,分为独立工程、组合工程两个小类;在非设施中类下,按照对象行为的主动、被动关系,分为行为主体、行为客体两个小类。在小类下,进一步将存在相似特征的对象划分为基础类,每个基础类均要有严格的定义,使之明确区别于其他基础类。基础类可根据需要无限制扩充。整体对象类体系共划分四个层级,其中 2 个大类、4 个中类和 7 个小类,并形成完全闭合体,对象分类体系如表 4-1 所示。

表 4-1　对象分类体系

大类	中类	小类	基础类
自然	地表	集储水单元	流域
			湖泊
		输水通道	河流
	地下	集储水单元	地下湖
			水文地质单元
		输水通道	地下河
非自然	设施	独立工程	测站
			水库大坝
			水闸
			水电站
			泵站
			渠道
			水井
			塘坝
			窖池
		组合工程	水库
			灌区
			农村供水

续表 4-1

大类	中类	小类	基础类
非自然	非设施	行为主体	水利行业单位
			自然人
			取用水户
		行为客体	地表水水源地
			地下水水源地
			取水口
			重点水事矛盾敏感区
			视频监控点
			项目
			事件

2）数据资源模型设计

通过统一数据模型指导已有和新建数据库的数据资源整合，支撑水利信息数据的统一数据交换，为水利信息的共享与应用提供支撑。水利统一数据模型设计与建模也将有利于数据成果的应用分析与展示，创新水利信息成果形式，进而提高水利信息共享、应用的技术水平。

面向对象（Object-Oriented，OO）是 IT 界的重要理论之一，它是当今软件开发方法的主流。目前，面向对象的概念和应用已超越了程序设计和软件开发，扩展到很宽的范围，如数据库系统、交互式界面、应用结构、应用平台、分布式系统、网络管理结构、CAD 技术、人工智能等领域。在应用领域中有意义的、与所要解决的问题有关系的任何事物都可以作为对象，它既可以是具体的物理实体的抽象，也可以是人为的概念，或者是人和有明确边界及意义的东西。

根据面向对象的思想，数据是对象不同维度的描述，对象的不同表现形式形成了各种的数据。以对象为角度组织信息，通过建立完整统一的数据模型，可以实现对象的几何图形特征与属性特征、个体特征与关系特征、当前时态特征与历史时态特征、实体数据与元数据的一体化管理，将有利于数据的有序管理，可有效地满足应用的便捷性和灵活性的双重需要。

数据建模的最终目的是通过模型的设计找到规范化的、统一标准的数据描述方式，进行数据的组织与管理。因此，数据的建模应面向最终的数据应用，充分考虑应用需求。

本书采用面向对象的数据模型，构建非冗余的有序管理基础数据，快速、高效、灵活地服务于各种主题应用，通过对已有数据资源的总结、归纳与分析，依次对水利数据进行空间对象模型设计、业务数据模型设计、物理数据库模型设计、元数据模型设计。

3.数据库建设

1）设计原则

在升级耦合后的灌区信息化系统中，数据库的规划和设计在整个系统中占有非常重要的地位，它不但起着存储各种信息，供统计、查询、分析等使用的作用，而且使各个子系统之间的数据接口更为协调化，提高数据共享程度，降低数据的冗余，优化整个系统的运行性能。随着计算机技术的飞速发展，尤其是网络技术的日趋完善，计算机信息管理系统逐步地从单机系统向分布式系统即多用户和网络系统发展，数据库设计的合理性、规范性、适应性，数据库之间的关系及设置直接关系到系统的优劣。为了提高软件开发的质量和效率，在数据库设计中必须遵循以下原则：

（1）层次分明,布局合理。

（2）保证数据结构化、规范化,编码标准化。

（3）数据的独立性和可扩展性。

（4）共享数据的正确性和一致性。

（5）减少不必要的冗余。

（6）保证数据的安全可靠。

2）数据库组成

为满足升级耦合后的灌区信息化系统业务的需求,根据数据流程、数据分类分析,数据库总体设计应涵盖闸站监控数据、工程安全监测数据、工程维护数据、水情监测与管理数据、管理数据、综合办公数据、视频图像数据、三维仿真数据、应急响应数据、空间基础地理信息数据、沿线地区社会经济和生态数据等内容。该数据库系统是一个具有多级结构、广域分布的一个大型的综合数据库系统,数据库的组成结构如图 4-7 所示。

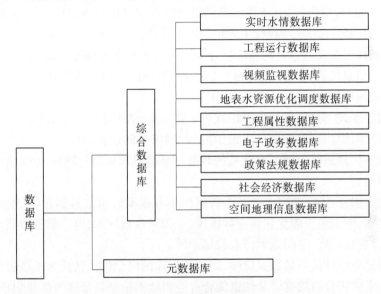

图 4-7　数据库的组成结构

3）数据代码标准及制定原则

在整个数据库系统设计中,为使升级耦合后的灌区信息化系统相关信息的名称统一化、规范化,并确立信息之间的一一对应关系,以保证信息的可靠性、可比性和适用性,保证信息存储及交换的一致性与唯一性,便于信息资源的高度共享,需对系统中的相关信息进行标准化,制定信息代码标准编制规则,主要包括水利信息的分类和信息编码标准。标准应规定工程所涉及的河流、管理机构、渠（河）道、工程建筑物、水量监测断面的代码结构,并编制代码表。对已有国家标准和行业标准的,采用国家标准、行业标准。没有国家标准,也没有行业标准的,参考国家和行业已有相关标准及远程监控等系统建设中形成的相关标准。

数据库表设计时采用以下标准规范:

（1）基础数据库建设,参照《国家水资源监控能力建设项目标准基础数据库表结构及标识符》(SZY 301—2013)。

（2）基础水文数据库建设,参照《基础水文数据库表结构及标识符标准》(SL 324—

2005）。

（3）实时水情数据库建设，参照《实时水情数据库表结构与标示符》（SL 323—2011）。

（4）水资源监测数据库建设，参照《水资源监控管理数据库表结构及标识符标准》（SL 380—2007）和《国家水资源监控能力建设项目标准监测数据库表结构及标识符》（SZY 302—2013）。

（5）水利工程数据库建设，参照《水利工程数据库表结构》（DB11/T 306.1—2005）。

（6）空间数据库建设，参照《国家水资源监控能力建设项目标准空间数据库表结构及标识符》（SZY 304—2013）。

（7）多媒体数据库建设，参照《国家水资源监控能力建设项目标准多媒体数据库表结构及标识符》（SZY 305—2013）。

（8）元数据库建设，参照《国家水资源监控能力建设项目标准元数据》（SZY 306—2014）。

（9）信息编码时，参照《水利工程基础信息代码》（SL 213—1998）和《水资源管理信息代码编制规定》（SL 457—2009）编制，主要包括以下几类：

①测站、水利工程设施等编码和信息分类，参照《水情信息编码标准》（SL 330—2005）、《水利工程基础信息代码》（SL 213—98）、《水资源管理信息代码编制规定》（SL 457—2009）和《信息分类及编码规定》（SZY 102—2013）。

②空间信息图式，参照《空间信息图式》（SZY 402—2013）。

③空间信息组织，参照《空间信息组织》（SZY 401—2014）。

④水利政务信息编码，参照《水利系统政务信息编码规则与代码》（SL/T 200—97）。

4）数据库设计

根据上述数据分类，在逻辑上把整个数据库划分成实时水情数据库、工程运行数据库、视频监视数据库、地表水资源优化调度数据库、工程属性数据库、电子政务数据库、政策法规数据库、社会经济数据库、空间地理信息数据库等。

逻辑数据模型设计目的是数据建模，即将数据库的概念模式转换为关系数据模式，其结果是关系模式定义集合和数据语义约束集合。逻辑数据模型设计任务主要包括逻辑模式设计、逻辑模式规范化、视图模式设计、信息代码设计等。

（1）实时水情数据库。

实时水情数据库包括河道、水库、闸坝、特殊水情、水文预报等信息的实时值和各种统计均值、极值、特殊水情信息等。

①表标识符命名。

表标识符应按相应表名的中文词序组合。表标识符由前缀"ST"、主体标识及分类后缀三部分用下划线（"_"）连接组成，其编写格式为 ST_x_a。

——ST 为固定前缀。

——x 为表标识符的主体标识，按有关规定命名，其长度不宜超过 8 个字符。

——a 为表标识符的分类后缀，用来标识表的分类（基本信息类表使用"B"，实时信息类表用"R"，预报信息类表用"F"）。

表标识符的长度不宜超过 13 个字符。

②字段标识符命名。

字段标识符应按相应字段名的中文词序组成。名称相同,在表中含义、作用也相同的字段,其标识符在整个数据库表结构中应当相同。字段标识符的长度不宜超过 10 个字符。

③数据表设计。

实时水情数据表分成基本信息类、实时信息类和预报信息类三大类。

基本信息类数据库表存储与实时水情应用密切相关的,描述水文测站的基本信息及统计信息等。基本信息类数据库表包括测站基本属性表(按照全国水文测站编码标准进行统一编号)、站号对照表、库(湖)站关系表、闸站关系表、综合水位流量关系表等。

④实时信息类数据库表。

存储水文测站报送的实时水情信息。实时信息类数据库表包括河道水情表、水库水情表等。

预报信息类数据库表包括河道水情预报表、水库水情预报表、闸站水情预报表、土壤墒情预报表、地下水情预报表、时段径流总量预报表。

(2)工程运行数据库。

①表标识符命名以"T_"开头,后接代表实体含义的英文简写,再接表中存储数据的分类。

命名格式:T_XXX_X。

——T 为固定前缀;

——XXX 为表实体含义的英文简写;

——X 为存储数据的分类,R 代表运行数据,T 代表统计数据,A 代表日志数据。

②字段标识符命名由英文字母、数字和下划线("_")连接组成,首字符应为英文字母,英文字母应采用大写表示,字段标识长度不宜超过 10 个字符。

③数据表设计数据库表分成运行类、统计类和日志类。

运行类:记录水闸、水闸孔等某时刻的运行信息。该类数据表包括水闸运行表、水闸水文运行表、水闸单孔运行表。

统计类:按一天的统计粒度记录水闸等的统计信息。该类数据表包括水闸日统计表。

日志类:发生流量报警、水位报警、事故及维修设备等记录的信息。该类数据表包括流量报警记录表、水闸水位、水闸设备维修记录表等。

(3)视频监视数据库。

视频数据以文件形式存放。数据库中仅存放视频监控系统基本信息和视频文件索引信息。主要数据库表包括视频监控系统基本信息表、测点基本信息表、视频信息索引表。

(4)地表水资源优化调度数据库。

地表水资源优化调度数据库主要包括地表水实时监测数据、来水预测数据、灌溉面积数据、渠系利用率数据、种植管理制度数据、需求计划数据、配水计划数据、调度计划方案数据等。

(5)工程属性数据库。

①表标识符命名。

表标识的编写格式为××××--××××××××NNN,长度为 17 个字符。

——第一段的 4 位"××××"是表序号,其中第 1,2 位为表的分组码;第 3,4 位是一组十进制数,在所在"组(类)"内排序;

——中间 8 位"××××××××"是由英文字母构成的"英文表名标识符";

——最后三位"NNN"是表的构建标识符,用大写英文字母或数字表示,用以区分该表结构是由谁构建的,缺省表示该表结构是由国家防汛抗旱总指挥部办公室构建的。

②字段标识符命名。

由英文字母、数字和下划线("_")连接组成,首字符应为英文字母,英文字母应采用大写表示,字段标识长度不宜超过 8 个字符。

③数据库表设计。

A.通用类。

该类数据表包括工程名称与代码表、行政区划代码与名称表、工程图库表、关联工程表、音像资料库、行政区划与工程、工程与音像资料。

B.河流类。

该类数据库表包括河流一般信息表、流域(水系)基本情况表、河道横断面基本特征表、河道横断面表、洪水传播时间表、河流_河段表、河段行洪障碍登记表。

C.水库类。

该类数据表包括水库一般信息表、水库水文特征值表、洪水计算成果表、入库河流表、出库河流表、水库基本特征值表、水库水位面积—库容—泄量关系等。

D.水闸类。

该类数据表包括水闸一般信息管理表、水闸与控制站管理表、水闸设计参数管理表、泄水能力曲线管理表、水闸工程特性管理表等。

E.其他基础信息。

该类数据主要包括防汛人员信息表、防汛物资信息表及防汛检查登记表等数据库表。

(6)电子政务数据库。

电子政务数据库包含所有政务办公信息,主要由以下几类组成:公文类、人事类、财务类、设备类。

(7)政策法规数据库。

政策法规数据库内容包括国家颁布的水利相关法律和规章制度。

水利业务规范、规程和规定;水利工程调度规则、调度方案;水利技术标准体系、各类分体系,已经颁布的各类水利技术标准,相关国际、国家和其他行业标准,甘肃省各类有关水利的法规、政策、条例及规定等。

政策法规库用文本、图像、图形、视频、音频等文件存储,仅建立政策法规目录库,对政策法规进行管理和提供检索。

(8)社会经济数据库。

社会经济数据库主要包括行政区社会经济基本情况,行政区内各行政县社会经济基本情况,行政区城市经济社会发展指标,国民经济各行业发展指标,国民经济各行业发展指标的城乡分布情况、人口、耕地、房屋、公共设施、财产等信息。

(9)空间地理信息数据库。

空间地理信息数据库包括基础地理信息和专业地理信息。专业地理图层按工程类型划分,水资源分区包括河流、水库、水闸、各类测站。

4.元数据库设计

元数据是用于描述数据内容、定义、空间参照、质量和地理数据集管理等方面的数据,用于说明数据或数据集的内容、质量、特性和适用范围,向用户提供所需数据是否存在和怎样得到这些数据的途径、方法等方面的信息,帮助用户了解、使用数据。

元数据管理疏勒河工程大量的数据信息,使数据资源在各个应用系统之间进行畅通无阻的交换及对数据资源的快速检索和查询,实现疏勒河工程的数据交换和共享访问。

在系统建设中,元数据采用国际、国内标准,如满足 ISO 或 OGC 标准,并可以根据水利信息核心元数据库依据国家标准《水利信息核心元数据》(SL 473—2010)进行设计。

元数据应采用开放的、灵活的方式进行表达。GIS 软件应提供空间元数据管理工具,即用来录入、修改、检索、浏览、维护空间信息管理平台元数据的软件系统,并能集成到整个元数据存储与管理系统中。

疏勒河工程的元数据包含图形数据元数据和属性数据元数据,图形数据、元数据应遵守具体的国家规范,包括有关数据源、数据分层、成果归属、空间参考系、数据质量(包含数据精度和数据评价)、数据更新、图幅接边等方面的信息;属性数据元数据要参照图形数据元数据的国家规范设计,包含有关数据源、数据分类、成果归属、数据质量、数据更新等方面的信息。

4.6.1.6　元数据系统

元数据管理模块用于实现对各类元数据内容的管理,主要供数据管理人员使用。元数据采集用于快速获取元数据,元数据检查用于保证元数据质量,元数据著录、元数据更新和元数据导出功能可实现对元数据的导入、导出及修改;元数据查询预览功能可实现对已入库元数据的基本查询和浏览。

1.元数据采集

元数据采集为快速获取元数据内容提供了便捷的工具。该功能可以连接到指定的水资源数据库,例如,关联到水普成果库,然后对指定的空间数据记录或非空间数据属性记录进行元数据采集,形成 XML 格式或者数据库存储形式的元数据。

数据共享是以丰富的数据为基础的。元数据汇交是实现数据共享的前提,也是数据共享建设过程中关键技术之一。元数据汇交的最终方式是以网络的形式进行的,为此必须建立一个基于网络的元数据汇交体系。目前,随着数据库技术、网络技术、中间件技术以及其他相关信息技术的发展,为元数据汇交的建设提供了技术基础。

按照相关的数据质量标准具体要求,利用基于工业标准的关系型数据库技术、网络技术和安全技术,主要采用集中式管理模式,设计合理的数据组织结构,合理分布各数据库的负载,开发基于网络的元数据汇交体系,规范元数据汇交的流程,确保数据的一致性、完整性和正确性,为元数据汇交及数据共享建立先进的技术平台。

2.元数据检查

元数据检查用以控制元数据质量。针对不同数据类型,系统设置了不同的元数据存储模型,每类元数据数据模型检查规则不一样。元数据检查主要内容包括以下几类:业务分类检查、必填项检查和属性正确性检查。

3.元数据著录

元数据著录即将元数据从临时文件或者临时库中导入元数据存储于正式库中。对于没有形成临时文件的数据,系统支持通过手工注册的形式进行元数据的著录。

4.元数据存储

只有对汇交的元数据进行有效存储,才能确保其安全性、长效性和易用性。元数据的存储模式主要有两种:一种是以数据集为基础的分散存储模式,即每一个数据集有一个对应的元数据文件,每一个元数据文件中包含相应数据集的元数据内容;另一种是以数据库为基础的集中存储模式,即所有数据对应一个元数据库,该元数据库统一存储所有元数据,不同数据的元数据在元数据库中体现为不同的表,元数据的不同要素体现为记录。

第一种存储模式的优点是调用数据时其相应的元数据也作为一个独立的文件被传输,相对数据库有较强的独立性,在对元数据进行检索时,既可以利用原数据库的功能实现,又可以将元数据文件调到其他数据库系统中进行操作;其缺点是每一个数据集都有一个元数据文件,在规模巨大的数据库中则会有大量的元数据文件,管理上极为不便。

第二种存储模式由于元数据库统一存储元数据,管理极为方便,添加或删除数据集只需要在元数据库中添加或删除相应的记录项即可,但是元数据库的建立则需要额外的技术支持和经费花销。早期的元数据数据量小,多采用文件方式存储。随着元数据应用范围的扩大、数据量的递增、应用需求的拓展,这种方式已经不能满足元数据存储的需要,而基于关系数据库的元数据库能够适应元数据存储发展的需要,因此成为元数据存储的首选。元数据的存储是基于关系数据库的集中存储模式,元数据库的建设采用在疏勒河建立统一的元数据库方式。

5.元数据更新

系统允许对已经入库的元数据进行修改和删除操作。不是元数据的所有属性信息都可以修改,修改操作只能针对允许修改的元数据项进行。系统支持删除指定的一条或者多条元数据。

元数据的更新包括元数据内容在元数据服务器中的更新和与之相对应的数据对象在数据库服务器上的更新。元数据的更新首先进行元数据内容的获取操作,在元数据内容进行变更完成后,可以根据需要进行数据内容的更新,进而进行元数据和数据的注册工作。由于更新前的元数据内容项和数据的存储位置信息已经存在,更新的结果存储在相应的元数据服务器和数据库服务器中。整个流程始终保持元数据内容变化和数据内容变化的同步性。

6.元数据导出

支持对选定元数据进行导出操作,导出格式可为 MDB、EXCEL、XML 等格式,同时可支持元数据和实体数据同步导出。

7.元数据查询浏览

根据元数据字段信息实现对元数据的查询,并对查询得到的元数据信息及相应实体数据进行预览,随着疏勒河工程建设的进一步深入,会有大量的可用的数据资源,但是用户如何快速准确地获取满足需求的资源却是一件极为棘手的事情。因此,为了充分发挥现有数据的作用,提高其利用效率,使更多的数据生成者和数据使用者节省昂贵的成本,在元数据查询方面就需要一种框架机制来有效地实现数据的查询检索。

目录服务体系是实现数据资源共享基础建设中的一个重要部分,是实现数据资源共享的第一步,是不可缺少的一个重要环节;它也是数据提供者和数据使用者的纽带。它首先提供信息资源的查找、浏览、定位功能。通过目录服务体系的信息定位可以为数据共享交换获取信息资源提供获取位置和方式。

目录服务是以元数据为核心的目录查询,它通过按照元数据标准的核心元素将信息以动态分类的形式展现给用户。用户通过浏览门户网站提供的元数据搜索功能来快速确定自己所需的信息范围。

4.6.1.7　数据维护管理系统

数据库管理功能由数据库管理应用系统完成,数据库管理应用系统由数据库管理系统(DBMS)、空间数据库引擎和定制开发的应用系统组成。

数据库管理系统除包括数据编辑(增、删、改)、数据浏览、查询、统计、分析等功能外,其主要需完成对源数据库整合的数据,按照相应的数据规范和标准进行系统维护、数据入库、数据查询、统计分析等多种功能;这些功能在选用的DBMS 和空间数据引擎的基础上,进行二次开发,为用户提供方便易用的数据库管理功能,系统功能结构如图4-8 所示。

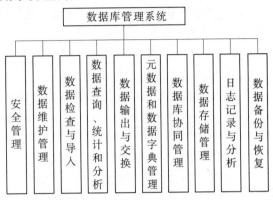

图 4-8　数据库管理系统功能结构

1. 安全管理

安全管理包括数据库权限管理和账户管理,分布式数据库系统是计算机网络技术和数据库技术互相渗透和有机结合的产物,主要研究在计算机网络上如何进行数据的分布和处理。Internet 的高速发展推动着分布式数据库的发展,但它同时给分布式数据库的安全带来了严重问题。本系统从用户授权、加强备份、容错机制、完整性控制、一致性、并发控制等几个方面确保数据库的安全。

2. 数据维护管理

数据维护管理包括数据添加、编辑与修改、删除等功能,同时包括空间数据和属性数据的编辑,系统支持在 B/S 体系下的数据远程编辑功能。

所有数据的更新维护都遵循"权威数据,权威部门维护"的原则,各部门数据的使用者在使用过程中产生的新数据由使用者负责管理、维护和更新,最终实现数据的共享。数据输入具有数据的有效性、完整性和一致性检查等功能,防止不合理的、非法的数据入库。

3. 数据检查与导入

根据统一的技术规范对需要入库的数据进行检查,通过检查合格的数据,根据各专题库结构,对已整理好的数据资源批量导入数据库中,包括空间数据检查与导入和属性数据的检查与导入。

数据资源管理主要目的是充分利用 DBMS 管理系统的功能,控制数据库对操作系统资源的开销,避免因为低效率的操作系统而导致数据库系统出问题。

4. 数据查询、统计和分析

实现对空间和属性数据库中的数据内容进行浏览、检索、查询、数据量统计和分析。对于相互关联的空间数据和属性数据能够实现关联查询。

5. 数据输出与交换

根据用户要求,可将数据库存储的空间数据和属性数据导出为交换格式的数据文件;根据交换系统的需求,提供数据输入、输出的接口。

6. 元数据和数据字典管理

元数据和数据字典管理包括元数据和数据字典的创建、管理、备份、导入以及维护等。

7. 数据库协同管理

在数据库进行维护更新时,保持数据库之间的协调一致,协同更新。

8. 数据存储管理

对数据的存储空间的分配、管理,以及数据库建库的管理,数据库的建库管理主要是针对数据库类型,建立数据库管理档案,包括数据库的分类、数据库主题、建库标准、建库方案、责任单位、服务对象、物理位置、备份手段、数据增量等内容。

9. 日志记录与分析

对系统发生的数据维护、表结构维护和备份恢复事件实现自动记录与分析。

10. 数据备份与恢复

在软件、硬件和网络环境下实现备份、自动操作、灾难恢复功能。

4.6.2 应用支撑平台

根据总体设计思路,应用支撑平台是连接数据管理平台和应用系统的桥梁,是以应用服务、中间件技术为核心的基础软件技术支撑平台,其作用是实现资源的有效共享和应用系统的互联互通,为应用系统的功能实现提供技术支持、多种服务及运行环境,是实现应用系统之间、应用系统与其他平台之间进行信息交换、传输、共享的核心。

(1)应用支撑平台为各类业务应用系统提供统一的人机开发与运行界面。加速应用系统的开发,提高开发质量。

(2)能对系统实现统一的监视与管理。对整个系统中的节点及应用配置管理、进程管理、安全管理、资源性能监视、备份/恢复管理等进行分布式管理,并提供各类维护工具以维护系统的完整性和可用性,提高系统运行效率。

(3)具备通信消息基于平台的发布机制,即从平台端向用户端的消息通信机制,同时在异步处理中,客户端也需要通过消息实现调用的异步机制。因此,在应用服务层平台需建立起统一的消息机制,实现点对点、订阅/发布模式的消息通信,消息可以传递实时更新数据或定义的事件,发送各类数据与参数,消息框架应能支持系统报警、数据更新、应用间数据交互等多种应用的需求。同时,消息总线需考虑传输效率、企业级扩展,以及消息类型的通用性,使得平台在投入运行后可方便地通过消息总线传递各类数据与事件。

4.6.2.1 总体结构

应用支撑平台旨在提高信息资源共享水平,能全面提升信息化应用水平,增强信息资源共享服务力度,依托基础设施和信息资源,将共享信息资源进行服务加工,更好地支撑业务应用,促进跨业务高效协同,实现服务化整合,全面提升信息共享服务能力,为升级耦合后的灌区信息化系统提供用户管理、数据交换、地图服务、服务管理的通用服务。此部分工作内容需严格遵循相关国家标准和行业标准,服务不依赖于特定平台,具有开放性,并根据实际制定满足水利业务应用需求的标准规范。

应用支撑采用面向服务的体系架构(SOA:Service Oriented Architecture),严格遵循相关国家标准和行业标准,建成的服务不依赖于特定平台,服务具有开放性的特点,并根据实际制定满足水利业务应用需求的标准规范。应用支撑采用面向服务的体系架构,它将应用程序的不同功能单元(称为服务)通过这些服务之间定义良好的接口和契约联系起来。接口是采用中立的方式进行定义的,它应该独立于实现服务的硬件平台、操作系统和编程语言。这使得构建在各种这样的系统中的服务可以以一种统一和通用的方式进行交互。这种具有中立的接口定义(没有强制绑定到特定的实现上)的特征称为服务之间的松耦合。应用支撑平台的总体结构如图 4-9 所示。

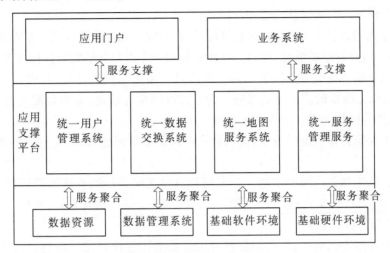

图 4-9　应用支撑平台的总体结构

4.6.2.2　基础支撑环境构建

采用面向服务的架构建立基础工具的服务集合,构成基础支撑体系框架,包括数据库管理系统、应用服务器中间件、GIS 工具。

1. 数据库管理系统

(1)数据库管理系统具有良好的图形化用户界面(GUI):方便对数据库进行管理,数据库应具有良好的自我管理、自我配置与自我调优能力;支持主流的网络协议等;应支持大到 PB 级数据量的存储管理。

(2)复制功能:应支持合并复制、事务复制、快照复制、异类订阅服务器功能。

(3)RDBS 管理功能:专用管理连接、PowerShell 脚本支持,支持数据层应用程序组件操作——提取、部署、升级、删除、策略自动执行(检查计划和更改),性能数据收集器功能,能够作为多实例管理中的托管实例注册,提供标准性能报表功能,提供使用 NOEXPAND 提示的索引视图的直接查询和自动的索引视图维护功能。

(4)数据仓库:在无须数据库的情况下创建多维数据集,自动生成临时和数据仓库架构。

(5)BI 语义模型(多维):应支持层次结构、KPI、自定义汇总、写回多维数据集、自定义程序集(存储过程)、MDX 查询和脚本、基于角色的安全模型、维度和单元级别的安全性、可扩展字符串存储、二进制和压缩的 XML 传输等功能。

(6)数据挖掘:标准算法、数据挖掘工具(向导、编辑器、查询生成器)功能。

(7)报表服务:报表设计、报表服务和报表管理功能。

2. 应用服务器中间件

(1)遵循标准。全面支持 J2EE5.0 或以上版本的国际工业标准和相关规范,并通过国际标准认证。

(2)消息可靠传输。通过把消息保存在可靠队列(磁盘文件)中来保障数据信息的"可靠传输",并在传输中具有断点续传等异常处理机制,能够应对网络故障、机器故障、应用异常、数据库连接中断等常见问题,保障消息的"一次传输、可靠到达",在主机、网络和系统发生故障等情况下能有效保障数据传输的"不丢、不重、不漏"。

（3）提供本地队列、远程队列、集群队列、物理队列、逻辑队列等多种队列和队列的分组管理机制，有利于队列和消息的管理维护。

（4）消息点对点（P2P）通信方式和订阅/发布（Pub/Sub）通信方式。发布操作使得一个进程可以向一组进程组播消息，而订阅操作则使得一个进程能够监听这样的组播消息。

（5）消息传输优先级。不同紧急程度的消息可采用不同的优先级，做到优先级高的消息传输得快，优先级低的消息传输得慢。为了减少网络传输量，提高数据的传输效率，产品必须支持消息传输数据的自动压缩解压缩。

（6）为了保证传输数据的安全，传输数据的自动加解密处理，并支持使用第三方传输安全保障机制。

（7）数据路由和备份路由功能。在不相邻节点之间进行消息传输和数据路由；支持配置使用多条备份链路，当到达某个目的节点的第一条线路出现异常时，能够自动向下寻找，直到找到线路良好的通路。

（8）多种连接方式支持，节点间根据应用需要选用常连接或动态连接方式。常连接方式由消息中间件自动建立、维护传输通道，传输处理响应更高效；动态连接方式在应用需要进行数据传输时建立连接通道，且在不使用时会断开连接，适合按需连接的应用业务系统。

（9）网络连接的多路复用。多个应用共用一个消息传输通道进行数据的发送和接收，提供消息生命周期管理机制。通过生命周期对消息进行管理，及时清除失效消息，防止失效消息占用系统资源。

（10）消息的事务处理功能，包括发送方事务和接收方事务。以解决关联消息的发送和接收处理，应对可能出现的数据库异常、应用异常等问题。发送方事务可以把本地数据库操作与数据发送纳入一个事务进行管理；接收方事务可以把数据的接收和数据库操作纳入一个事务进行管理。

3. GIS 工具

（1）基本的地图浏览、图层管理、空间和属性查询、统计图表和报表生成、地图符号化以及制图打印功能；支持多种专题图制作，如唯一值、渐变色、多属性符号、饼图、柱状图、点密度图等；提供方便灵活的交互式地图和属性编辑工具。

（2）空间数据分析功能。空间叠加工具、临近分析工具、数据管理工具、数据转换工具、制图综合工具集、大数据处理工具等。

（3）空间数据处理能力。支持多种数据读取和数据处理规则，自定义高级数据转换器，满足对其他部委及地方不同来源、不同时期、不同数据结构的空间数据集成接入能力。

（4）与 WebLogic、Apache-Tomcat、金蝶、东方通等主流 Web 应用服务器集成。提供强大、方便、灵活的空间数据服务创建和管理框架，实现对空间数据服务、站点和服务器集群的管理；支持发布包括二维地图服务、三维地图服务、栅格影像服务、几何服务、空间数据服务、要素服务、地理处理服务、网络分析服务等。

（5）二次开发接口库。提供 SOAP、REST 开发接口，提供 B/S 开发接口；支持移动端开发接口。

（6）提供可嵌入通用开发环境中的开发模板，并以控件、工具条和工具、组件库等方式支持 GIS 核心功能开发。提供可视化控件，包括地图控件、制图控件、内容表控件、三维地图控件等。二次开发接口封装粒度灵活细致，功能强大。

4.6.2.3　统一用户管理系统

统一用户管理系统的主要作用是对业务应用及管理系统的用户信息和用户授权进行管理,主要提供用户信息管理、机构信息管理、部门信息管理、岗位信息管理、角色信息管理、授权管理及统一用户服务等功能。

为保证纳入统一用户管理体系的业务应用和管理系统的用户和授权的唯一性,方便对用户、机构、部门、岗位、角色及相互关系信息访问,形成统一用户及授权管理数据库,汇集本书新建系统及已有系统所有的用户和角色数据,实现对各业务应用和管理系统用户信息及授权管理的整体统筹。

1. 统一用户管理功能

统一用户管理是完成对系统用户的管理。通过部门来管理用户,每个用户和岗位必须属于并且只能属于一个部门;一个部门可以有多个用户和岗位。统一用户管理主要包含机构管理、部门管理、用户管理及岗位管理,主要作用是对各业务应用所包含机构、部门、岗位、人员用户进行管理,并对外提供统一的用户服务。

1）用户信息管理

用户信息管理将对各机构内登录用户的相关信息进行统一存储,并进行分级管理。本功能模块包括增加用户、修改用户信息、查询用户信息、用户启用、用户停用、密码修改与重置以及密码/短信验证等功能,由用户信息管理单元实现。

2）机构信息管理

机构信息管理主要是指针对组织机构进行统一的管理。其中,机构信息由实际存在的物理机构以及为满足业务系统工作需要形成虚拟或临时机构所组成。本功能模块包括增加机构、修改机构信息、查询机构信息、增加下级机构、机构启用、机构停用、移动机构等功能。

3）部门信息管理

部门信息管理主要是指针对机构内部部门信息进行统一的管理。本功能模块包括增加部门、修改部门信息、查询部门信息、增加下级部门、部门启用、部门停用、移动部门等功能。

4）岗位信息管理

岗位信息由部门信息与职务信息所组成,将作为用户信息和角色信息之间的中间层,方便系统管理用户在管理多机构与多业务系统权限分配时,无须直接针对用户,而是对单位部门内的岗位进行授权,实现用户信息与角色信息之间的松耦合,减轻系统管理员的工作量和难度。本功能模块包括增加岗位、修改岗位信息、查询岗位信息、岗位启用、岗位停用、删除岗位等功能,由岗位信息管理单元实现。

5）统一用户服务

统一用户服务模块将为各业务应用和管理系统提供机构信息、部门信息、用户信息、岗位信息、授权信息及相互关系信息查询获取接口服务,接口类型分为 Web 服务方式和共享库方式。

2. 统一授权管理功能

统一授权管理是用于实现基于岗位角色的访问控制的功能。统一授权管理为系统管理员提供了对用户岗位信息和授权的分配管理。考虑到单点登录系统的性能问题,本功能中采用的是粗粒度权限管理,而细粒度的权限管理由各个应用系统来具体实现。

统一授权管理主要包含资源管理、角色管理和授权管理,主要作用是实现用户访问各业务应用和管理系统,对所包含的系统资源的权限进行分配和控制。

1）角色信息管理

首先各业务应用和管理系统将系统内细颗粒度的权限资源进行功能组合,形成相对粗颗粒度角色信息,然后通过系统注册和角色注册功能,注册到统一用户及授权管理系统的角色信息管理模块中,通过本模块实现对各系统资源权限集合的统一汇集管理。管理功能包括系统注册、角色注册、查询角色信息、角色启用及角色停用等。

2）授权管理

授权管理模块将完成对用户、岗位以及部门与角色授权配置关系的管理,其中对用户和部门的授权,最终也是通过用户的岗位和部门的基础岗位来完成授权配置的。其主要功能包括用户授权、岗位授权、部门授权及授权查询等功能。

4.6.2.4　统一数据交换系统

数据交换是对所有数据交换服务的集成,主要指为实现数据交换而配备的各类工具软件以及利用工具软件做的二次开发定制服务。

通过数据交换子系统的建设,构建统一的数据交换框架,规范交换流程和方法,形成统一数据交换机制,实现数据交换共享,支持常规数据、大文件数据、同构数据库等数据的交换。各业务应用仅需在该数据交换平台基础上,开发各自的业务应用适配器。其主要功能包括以下几个方面。

1. 数据交换中心管理

数据交换中心主要是对数据交换全过程的后台服务进行全程管理,管理内容涉及数据交换标准定义、数据交换流程定义、数据交换标准与内部数据结构的映射、数据交换流执行、优先级设置、数据传输管理、任务调度管理、消息队列管理和数据发送/接收管理等。

2. 接入点管理

接入点管理提供数据交换的接入点注册,接入点配置以及接入点的新增、修改、删除、查询等功能。

3. 交换前置

交换前置即在业务应用系统上部署前置交换数据库、应用适配器和信息交换软件,支持信息的发送和接收。

4. 交换桥接

交换桥接主要是实现不同业务应用间的数据交换。通过适配器的开发,将需要交换的业务数据按照指定规则在源系统中进行封装,在目的系统中再按照同一规则进行解析,从而实现数据的交换共享,同时能保护业务应用的安全性和独立性,涉及节点信息同步、系统信息同步及传输通道信息同步。

5. 运行监控管理

运行监控管理包含数据接收监控、数据传输监控、数据中转监控、数据发送监控、系统状态监控、任务调度监控、消息队列监控。通过一定的策略进行异常信息的处理,例如,异常通知、异常告警、异常处理等。

6. 系统管理

系统管理实现接入编码管理、数据备份及恢复、用户管理和日志管理等统一数据交换服务等日常管理功能。

4.6.2.5 统一地图服务系统

统一地图服务信息数据包括基础地理数据、灌区空间数据和遥感影像数据。基础地理数据包括河流、湖泊、居民地、地名、交通、境界和地形等自然要素和社会要素;灌区空间数据包括流域、测站、水库、水电站、水闸、泵站、灌区、渠道和涉水组织机构等自然、水利设施和机构要素;遥感影像数据为不同覆盖范围的多时相、多分辨率正射影像成果。

地图服务按 OGC 标准进行组织,提供包括网络地图切片服务(WMTS)、网络地图服务(WMS)、网络要素服务(WFS)和数据处理服务(WPS)等。各业务应用根据需要,分别调用基础服务和专业服务,聚合形成符合专业特点和应用需求的特定地图服务。平台通过网站查询、接口调用、前置服务和离线共享四种方式提供一站式空间信息服务:网站查询,通过门户网站进行水利空间信息的浏览、查询、统计以及分析等各类应用;接口调用,通过调用各类标准服务接口实现相关业务应用系统的二次开发;前置服务,采用服务器前置方式将水利空间信息服务封装在服务器中,托管在用户局域网环境中;离线共享,通过离线共享方式实现对相关业务空间数据的深度分析和应用。涉及工作内容及主要功能包括以下几个方面:

(1)地图表达设计。完成电子地图以及各类灌区业务应用定制的多级比例尺多专题的灌区地图分层表达、符号化和地图配置等。

(2)地图服务开发。开发遵循通用 OGC 标准规范的 WMTS、WMS、WFS 和 WPS 服务,为使用平台的各类系统应用提供支撑。

(3)功能服务开发。采用 WebService 方式为各类使用地理信息的应用提供漫游、放大、缩小、量测、地图查询等通用功能服务接口。

(4)地图展示。对项目整合的各类地图数据通过门户进行展示,方便各类个人用户通过平台对数据或服务进行浏览查询,对平台中的各类专题数据进行查询。

(5)服务共享管理。服务共享是平台的核心功能之一,该部分功能主要为用户提供多种灌区空间数据服务资源,用户取得授权批准后,可以进行数据下载和服务调用等操作。

4.6.2.6 统一服务管理系统

统一服务管理系统应采用 B/S 结构,无须安装客户端软件,采用已有浏览器操作即可。实现分为三层,最底层是统一接入,负责对外提供一个统一的服务入口,提供对 HTTP/HTTPS、SOAP、JMS 和 SOCKET 等协议的接入支持,基于以上协议的应用系统提供均可接入平台服务的相关操作;中间层是服务总线和注册中心,服务总线实现服务代理、格式转换和协议转换等,注册中心负责服务的注册发布、检索查询、信息修改、注销、同步、迁移和服务权限管理等;最上层管理监控,统一查看和监控各类服务资源的使用和运行状况。

服务资源管理主要实现对平台提供各类服务的统一管理,包括服务管理、服务权限管理、服务监控、资源监控、服务总线等功能模块。

1.服务管理

服务管理包括服务注册发布、服务信息修改、服务检索查询、服务维护、服务订阅、服务同步和服务迁移。

服务注册发布由服务提供者将自己的服务注册到资源管理系统中,注册时需提供服务名称、服务类型、发布者、发布类型以及服务访问地址等相关信息。

为方便用户检索平台提供的服务,服务检索查询功能通过服务名称、服务类型、发布者、发布类型以及服务访问地址等查询项检索可用的服务。

　　服务维护包括服务修改和服务删除。服务修改的信息包括服务的所有属性信息,但是修改后的服务名称和访问地址不能与已有服务冲突。

　　服务订阅是为方便用户当服务修改或注销时收到服务的变更通知,以便及时做出响应。

　　服务同步是在多级或多点部署的情况下,将服务的注册信息由源部署节点同步到目标部署节点(可以多个)。

　　服务迁移是在一个节点部署完成后,将服务的相关信息(包括注册信息和服务本身)由源部署节点迁移到另一个目标部署节点。

　　2. 服务权限管理

　　服务权限管理是基于 JAVA 技术,结合 SOA、工作流技术实现服务申请、审批管理等功能,通过服务权限管理提高服务调用申请、服务修改的综合管理,便于规范服务提供者及服务需求者的使用管理。

　　服务权限管理主要包括服务申请、待办管理、服务审批、服务审批查询、审批信息统计、工作流管理、承建单位管理及系统登记管理等功能。

　　首先服务管理者需要对承建单位信息进行录入及管理,同时需要录入对应已建系统和新建系统的信息,便于服务申请流程过程中顺利执行。服务申请主要包括服务调用申请及服务修改申请两种类型。服务申请者可以是业务应用建设服务需求单位、服务提供单位。

　　申请者首先需要填写相应的申请信息,将填写的信息提交给服务管理者,由服务管理者进行审批,审批通过后系统自动分配服务识别码,便于标识服务端与客户端调用的关系,便于对服务使用情况进行监控。

　　3. 服务监控

　　为了确保各类公共服务能够稳定地运行,系统提供服务监控功能,通过服务监控对业务、公共服务运行状态、运行质量的统一监控管理,为业务系统的稳定运行提供支撑。

　　在监控管理中可以直观地对各服务进行监控,监控管理能够对协议、消息的发送数据量、响应时间和服务状态等内容进行在线监控,同时能够以图表的形式进行在线动态监控和统计分析。

　　在对外提供服务之前,先通过服务注册登记部件进行注册登记,在登记完成后,对其进行监控,并统计运行状况信息。

　　服务监控包括服务运行状况监控、服务访问日志监控、访问异常日志监控。

　　4. 资源监控

　　资源监控基于服务总线实现对各类业务应用系统、运行环境、商业软件、服务调用情况进行监控和统计。资源监控对侦测线程/进程使用运行时所使用系统资源(CPU、内存等)的状况以及应用程序中关键变量的运行时状态。对关键变量的侦听需要在应用程序代码中对关键变量的值进行记录,同时对关键变量的测试用例(用来检测关键变量的值是否处于正常范围之内)需要在系统测试阶段生成,并在系统运行过程中不断完善。

　　资源监控主要包括监控指标管理、监控任务管理及监控结果展现分析三部分。资源监控技术实现由四个部分组成:侦测与处理控制器、一系列侦测器、侦测状态队列以及事件触发器。

　　侦测与处理控制器是框架的核心。它的功能是监控服务和主机等状态,但其自身并不包括这部分功能,所有的监控、检测功能都是通过各种侦测器来完成的。当系统初始化时,它调用解析器对配置文件进行解析,获得侦测与处理策略;当系统启动后,周期性的自动调用侦测器去检测监控对象的状态。同时监听侦测状态队列,从队列中获取侦测器的检测结果,并根据侦测与处理策略,调用相应的事件触发器进行响应。同时,控制器在系统运行期间可以接收外部事件查询器的查询请求,并根据查询请求调用侦测器去检测相应的查询对象的状态,并将结果返回给外部事件查询器。

服务资源监控包括监控指标维护、监控任务管理、监控结果展示。

5.服务总线

服务总线是资源管理及应用支撑服务的核心,通过服务总线提供"热插拔"的总线技术,为各公共服务的协议转换、路由、注册、迁移、同步提供基础支撑。

服务总线完成了代理服务的建设,代理服务是"服务总线"在本地实现的中介 Web 服务的定义。使用服务总线控制台,可按照 WSDL 和使用的传输类型定义接口,配置代理服务;并在消息流定义和配置策略中指定消息处理逻辑。

服务总线包括服务代理、格式转换、协议转换。

水利工程建设是国民经济建设特别是工业、农业生产的命脉,随着现代科技的快速发展,水利工程管理已经进入了信息化时代。利用云计算、大数据、物联网技术、遥感技术、遥测技术等现代化技术手段建设水利综合管理信息平台将大力地推动水利工程建设的管理和发展。

疏勒河干流灌区在甘肃省玉门市和瓜州县境内,包括玉门市和瓜州县,面积 4.13 万 km²。应用范围:疏勒河流域水资源管理局信息中心,昌马灌溉管理处,双塔灌溉管理处,花海灌溉管理处以及下属的管理所、段、站点。

升级耦合后的灌区信息化系统是由多个生产控制系统及信息管理系统集成的综合信息自动化应用系统,本系统采用统一平台的思路设计,在统一平台上实现各类测控与调度专业应用、信息管理应用及决策支持应用。

综合应用平台主要包括数据采集与交互平台、数据资源管理平台、应用支撑平台建设及业务应用系统及系统运行基础环境等。

4.6.3　业务应用系统

4.6.3.1　闸门远程控制系统

闸门监控应用模块应能迅速可靠、准确有效地完成对各闸门的安全监视和控制,以及对整个系统的运行管理。

1.数据采集和处理

1)数据量采集

(1)各个闸门(包括节制闸、分水闸、退水闸、斗口闸门等)的位置。

(2)各个闸门(电压、电流等)的参数。

(3)水位。

(4)流量。

2)状态量采集

(1)闸门上升或下降接触器状态。

(2)闸门启闭机保护装置状态。

(3)动力电源、控制电源状态。

(4)锁锭及浇水设备的状态。

(5)动力电源、控制电源状态。

（6）有关操作状态。

2.实时控制

操作员通过操作台上的显示器、标准键盘和鼠标等，对具备远程控制功能的闸门进行下列控制：在调度中心和管理处对接入本系统的各个闸门进行远程监控，包括闸门开门、关门、停门及设定开度控制，闸门润滑水装置的远程控制，操作过程有事先提示；闸门位置有不间断反映、过水动画显示；运行故障能及时报警。

3.安全运行监视

1）状变监视

监视电源断路器事故跳闸、运行接触器失电、保护动作等状态变化，显示与打印。

2）过程监视

在操作员工作站显示器（VDU）上，模拟显示闸门升降过程，并标定升降刻度。

3）监控系统异常监视

监控系统中硬件和软件发生事故时立即发出报警信号，并在VDU及打印机上显示记录，指示报警部位。

4.管理

1）打印报表但不限于此

打印闸门启闭情况表、闸门启闭事故记录表等。

2）显示

闸门监控系统显示与操作画面内容丰富多彩，简便友好。以数字、文字、图形、表格的形式组织画面进行动态显示。

（1）上、下游水位显示。

（2）各闸门开度模拟显示，过水动画显示。

（3）闸门操作流程图。

（4）各种事故、故障统计表。

（5）闸门操作次数统计表。

（6）电压、电流显示。

（7）各种监视量上、下限值整定表。

3）报警

出现以下情况时报警：

（1）闸门启闭机电气过负荷、机械过载等故障。

（2）系统故障。

5.数据通信

计算机监控系统设备间通信即中心级与现地控制级单元之间的通信，采用以太网通信方式。

6.系统诊断

（1）中心级硬件故障诊断：可在线和离线自检计算机和外围设备的故障。

（2）中心级软件故障诊断：可在线和离线自检各种应用软件和基本软件故障。

7.闭环控制

为提高输水效率，现地闸门控制利用PLC根据调度下发流量自动运行计算闸门开度的运算，同时要减少闸门电机频繁开关，该运算公式需根据水力学公式和现场实际测量数据变化等情况进行计算与试验,不断修正完善优化后得出。该程序嵌套在现地 PLC 控制器中,从而实现根据下发流量要求自动计算闸门开度的功能,完成闭环运行。

4.6.3.2　网络视频监视系统

网络视频监视系统主要对闸门等重要部位以及各管理所、站、段的机房及重点位置进行实时视频监视,并实现视频的录制、存储和回放。

1.系统功能

(1)远程图像监视:任意一个监控终端经授权,都可监视来自前端摄像机的图像,不受距离限制,只需有通信网络与以太网相连。

(2)多点监视一点:多个监控终端可同时监视同一前端,控制权自动协商。采用组播方式,该路视频码流在网络中只占用 1 路视频的带宽。

(3)一点监控多点:一个监控终端可同时监控多个前端,即在计算机屏幕上多画面分割显示,且每个画面的图像实时活动。

(4)摄像机预置:可采用带预置功能的摄像机,对于每个要监视的目标,可预先将其方位、聚焦、变焦等参数存入预置位,从而可方便地监视这些目标,也可用这些预置点进行自动扫描巡视。

(5)图像抓拍:可抓拍屏幕上显示的活动图像,存入磁盘或通过打印机输出。

(6)自动巡视:在监控终端上,可选择加入自动巡视的前端、前端摄像机、摄像机预置点,并设定巡视时间,进行自动图像巡视。用户可自由使用单画面、四画面、九画面、十六画面进行端站远程图像监控/安防监控;可进行上下翻页;可针对每个画面分别选择不同端站/同一端站的不同的摄像机。

(7)当前画面可在满屏和正常显示两种方式之间任意切换,一用户同时多点遥视、多用户同时一点遥视、多用户同时多点遥视,用户可选择执行轮巡方案;用户可以制订各种完全满足自己工作需要的多个摄像机之间的自动轮巡方案;可设定切换时间;轮巡方案中的摄像机可以是多个端站的。

(8)在自动轮巡过程中,若用户需要关注某个画面,可以对该摄像机进行通道锁定,锁定的通道不参与轮巡,便于用户监视和控制;也可以进行画面锁定,实现图像定格。

2.系统管理

(1)用户管理:用户的增减、授权、优先级等,均由系统管理员完成。

(2)系统网管:系统服务器自动进行管理,包括设备在线检测、连接管理、自我诊断、网络诊断等。

(3)系统日志:对于系统中的操作,如系统报警、用户登录和退出、报警布防和撤防、系统运行情况等,都有系统日志记录。

(4)控制权协商:当多个用户同时监视一个前端或同一画面时,为了避免控制混乱,只能由一个用户对前端设备进行控制,这可通过网上自动协商完成或根据用户权限的优先级由高到低实现;当多个用户监视同一前端时,要改变画面分割方式,也可通过网上自动协商完成。

(5)信息查询:登录用户可查询系统的使用和运行情况,例如,在线用户名单、前端运行状态、报警信息等。

(6)电视墙功能。

电视墙是监控中心常用的监控设备,由多个大屏幕液晶电视机组成,能够放大监控画面,便于监控人员观看。系统支持将监控画面上传到电视墙上播放。

电视墙功能:可以在客户端进行电视墙的布局配置,并将电视墙和解码器进行绑定,布局中窗口数和解码器播放窗口一致;支持同时播放多个监控视频;系统支持在电视墙上同时播放不同监控点视频,每台电视机可以对应一个监控点;支持电视墙手动切换及轮巡切换;支持告警窗格设置,可指定某窗格为告警窗格,用于显示告警联动画面。

(7)平台录像。

①平台事件录像。

平台事件录像属于告警联动的一种处理方式。当发生告警事件时,系统根据联动策略启动发生告警的前端设备或其他设备的录像任务,并将录像文件保存到的存储设备上,录像时长可由用户自行配置,录像时长结束后便停止事件录像。

事件设置:用户可以自行设置触发录像的事件。可设置的事件包括但不限于视频画面移动、开关量告警、入侵监测。

②平台定时录像。

用户可以在监控系统中配置任一摄像机录像计划(包括录像开始和结束时间、录像天数),系统根据这些录像计划在指定时间进行平台录像。定时录像功能便于用户进行全天连续录像以及连续在特定时间段内录像。

可以设定定时录像策略,在策略中指定录像开始时间、结束时间,以及录像天数;可以指定定时录像的前端设备;可以设置录像存储空间的大小。

(8)录像回放/下载。

可以在客户端上点播回放监控系统录像,也可以将系统录像文件下载到本地 PC 机上(录像文件格式为. mp4),然后使用暴风影音播放器进行回放。

①录像标签:支持录像回放时打上标签信息,方便后续检索。

②录像检索:用户可进行事后录像的检索,通过录像可查看之前发生的事件现场视频,实现视频监控事后取证的功能,根据事件、告警的智能检索可提高用户检索录像的效率。

③录像回放:用户可进行事后录像的播放,通过录像可查看之前发生的事件现场视频,实现视频监控事后取证的功能。

④回放控制:支持加快录像文件播放速度,可以将播放速度设置为正常速度的 2 倍、4 倍、8 倍、16 倍;支持减慢录像文件播放速度,可以将播放速度设置为正常速度的 1/2、1/4;支持回退播放录像文件,可以将播放速度设置为 2 倍、4 倍、8 倍、16 倍速快退播放;支持单帧播放,每次只播放一帧画面,便于用户观看画面细节。

⑤同步回放:支持 8 路视频同步回放,可同时回放多个视频录像,并进行同步的录像回放控制(同步快进、慢放、同步跳转到指定时间点等),便于用户进行不同地点的监控视频对比。

⑥录像下载:用户可将平台录像保存到客户端本地便于后续查看或发布,支持正常下载和高速下载。

⑦录像标签:支持实况、录像回放时打上标签信息,方便后续检索。

⑧支持时间轴形式呈现录像检索结果,可明确标识当前时间段是否有录像,哪些是告警录像,哪些是计划录像;可快速定位并播放指定时间点的录像。

⑨数字缩放:通过数字缩放,回放录像时也可实现画面的变倍功能,查看更多的画面细节。

4.6.3.3　水信息综合管理系统

全面实现灌区地表水、地下水监测点、闸门监控点、植被等所有信息的综合显示、查询及管理功能,实现信息化管理"一张图、一个库、一个门户"的目标,信息中心实现监测、监控、调取管理处数据、灌区灌溉及水情统计报表、批复管理处的用水申请等功能;管理处实现灌区范围内监测、监控、调取水管所数据、灌溉及水情统计报表、向信息中心提交用水申请等功能;灌区水管所、段、站作为显示终端。

1. 系统总体设计

水信息综合管理系统管理的主要业务包括闸门监控、水情监测、视频监视、植被监测、电站监测、试验站监测。系统用网页结合 WebGIS 平台的形式在灌区网络上发布,采用浏览器/服务器(B/S)架构模式,以电子地图为信息的集中载体,分类叠加和展现各类实时信息和基础信息,实现信息以图、文、表相结合的直观展示。

水信息综合管理系统在结构上分为专业管理和综合管理两部分。专业管理是将闸门监控、水情(包括地下水、地表水)监测、视频监视、植被监测、电站监测、试验站监测等涉及的业务数据,采用众多的分析方法、表现手段,通过具有高度互动性、丰富用户体验以及功能强大的数据输出与操作界面,直接向用户展示,使各类业务操作更加便利、稳定。综合管理是根据业务需求将各类监测监控数据统一展示,实现灌区灌溉及水情报表统一查询,实现用水申请及批复统一管理等应用。专业管理是综合管理的细化,可满足深层次的业务需求,综合管理是专业管理的概化,可满足一般的管理需求。水信息综合管理系统结构如图 4-10 所示。

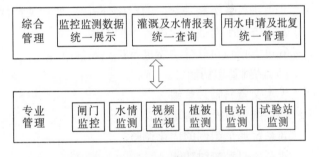

图 4-10　水信息综合管理系统结构

2. 专业管理功能设计

1)闸门监视

闸门监视内容包括:

(1)闸门/阀门运行状态。如手动/自动、运行/停止、远方/现地等状态。

(2)闸门/阀门开度信息。如上升、下降、位置等。

(3)设备状态。如启闭状态、行程限位开关状态。

(4)液位。量水堰液位、闸门门后液位。

(5)报警信息。如报警类型、报警时间等。

2)水情监测

水情监测业务应用系统的总体功能包括地表水(含灌溉用地表水、水库及流域断面、灌区渠道的流量)、地下水、泉水等水情数据实时采集及处理、图表展示、系统报警、数据实时监视及管理、站网管理等,系统需实现的主要功能设计如下:

(1)实时采集及处理功能。

①水情系统能够实时、准确地采集、存储各监测站点的流量、水位信息。

②信息中心、管理处都可以对水情数据进行轮巡采集。

③系统中心站能实时接收有关信息,并对采集的信息进行校检、纠错、插补,整理成指定时段间隔的时段历史数据,提取各种特征量,根据应用要求自动加工处理、分类存储等功能。

(2)图表展示功能。

系统能够显示监测范围内的各水情监测系统的总貌、各监测站点等相关文档与资料、站点分布图、流量管理曲线、水位过程线图等图形信息,同时可以通过选择时段输出表格、报表,利用表格和过程线的方式查看监测数据、在数据超界后弹出报警状态显示窗口等。

（3）系统监测及报警功能。

①水情要素越限监测及报警。

②设备故障监测、报警及自检。

③设备电源电压异常监测及报警。

④支持以屏幕显示等方式输出报警。

⑤报警内容、报警限值、报警方式以及报警对象均应可设置。

（4）数据实时监视和管理功能。

①系统采用丰富专业的图形和表格等形式展示水情实时动态数据。

②绘制开发水位流量关系曲线模型,利用地表水监测点、地下水监测点采集到的水位信息自动实时换算流量信息,并自动生成累加流量信息。

③可通过人机对话的方式方便地对资料进行查询、检索、编辑和输出,灵活显示、绘制和打印各类水情图、表。

④可进行各类相关数据的对比分析等,如相关特性分析等。

⑤可方便地对数据库进行维护管理。

⑥可方便地对软件功能进行扩充及修改。

（5）站网管理功能。

①水文资料整理整编。

②系统站点及设备增减。

③系统通信组网的优化调整。

④系统自动校时功能。

3）植被监测

确定瓜州西湖、桥子、布隆吉、曙光—黄花营、七墩滩、玉门干海子等六个区域为植被监测区域。系统功能如下：

（1）监测植被覆盖度。

（2）监测植被类型。

（3）植被盖度数据统计与分析。

（4）农田灾害预警。

（5）监测数据录入与存储。

4）电站监测

电站监测功能主要实现对电站的机电设备,即水轮发电机组、主变压器、开关站设备、厂用及公用设备等进行集中监视、人机对话、相关监控事件记录及相关报表管理等,主要功能如下：

（1）支持在调度中心对生产设备的监视,通过屏幕显示器实时显示电站主要系统的运行状态,有关运行设备水力参数,主要设备的操作流程,事故、故障报警信号及有关参数和画面。

（2）通过监测监控平台对电站生产管理、状态检修用途的数据进行采集、处理、归档、历史数据库的生成等。

5）试验站监测

甘肃省疏勒河流域地下水综合试验站建于 2002 年 10 月,占地 1 560 m^2,场内设有地下水蒸渗和气象观测设备。系统需实现的主要功能设计如下：

(1)制定综合试验站数据采集的业务流程,提供数据录入功能模块,实现综合试验站数据采集处理。

(2)气象观测数据存储查询,主要包括日照桶、雨量计、蒸发皿、风向风速仪、干湿温度计及低温表数据等。

(3)试验数据存储查询,主要包括疏勒河流域平原区大气降水、蒸发、入渗补给和大气水、地表水、土壤水、地下水相互转换规律观测和灌溉试验数据。

3.综合管理功能设计

1)监控监测数据统一展示

监控监测数据统一展示对分散在不同载体(文档、图片、表格、数据库、视频)上的信息进行收集、组织、存储。以多种方式向用户提供全面、及时、易用的信息。综合展示支持基于图表等方式,实现各类数据、信息的综合展示与查询。

监控监测数据统一展示的信息主要是来自各专业管理功能中的数据库。一部分信息是数据库中的各专业业务的原始信息,一部分是各应用系统分析计算的成果信息。监控监测数据统一展示能够集成数据库中的各类信息,并拥有重新组织和加工的能力。

监控监测数据统一展示对各类专题信息进行组织和加工,构建满足用户需求的综合查询、统计分析、空间分析和图像监视等方面的服务功能,并采用可视化手段展现服务内容。主要功能设计如下:

(1)实时数据监视。管理人员和业务人员可使用此功能模块以交互的方式查看所需的各类实时数据和系统特征参数等。

(2)生产运行曲线。根据用户的业务需求以图表格式显示和打印各类水利行业数据的曲线、指定时段的各类水文参数过程线图等。

(3)历史数据查询。用户可以利用多种查询组合便捷查询各类监视信息的历史数据。

(4)查询统计及对比分析。各类水情参数(水位、流量、水量)日、旬、月、年平均值、最大值、最小值等特征数据的统计、计算。

(5)主要水工建筑物及仪器照片和视频。提供闸门、测站、渠道、大坝、水库等处的仪器及建筑物的照片及摄像头实时画面接入。

2)监控监测数据统一展示

灌溉水情报表统一查询提供报表计算功能和编辑功能,实现对报表的调度、打印和管理。报表的数据来源于实时数据、历史数据、应用数据、人工输入及其他报表输出,与实时数据库、历史数据库连接。数据库中数据的改变自动反映在报表中,生成新的报表,每次生成的报表均可以保存。报表必须能够全面支持主流的 B/S 架构以及传统的 C/S 架构,部署方式简单灵活。

系统提供以下功能:

(1)支持用户自编辑报表,无须编程。

(2)提供时间函数、算术计算、字符串运算、水位雨量计算、水头计算、闸门计算、机组计算等函数,能满足各种常规报表计算需要。

(3)报表中可嵌入简单图元,如直线、曲线、矩形、椭圆、位图、文本等。

(4)多窗口多文档方式,支持多张报表同时显示调用或打印。

(5)具有定时、手动打印功能。

（6）编辑界面灵活友好，除普通算术运算外，还应能支持面向业务的计算和统计能力。

3）用水申请及批复统一管理

用水申请及批复统一管理主要分为用水信息上报、分水方案拟订、分水方案审批等几个阶段。其中，分水方案拟订为后台运行程序，它根据用水需求、水源地供水能力、调蓄水库运行状态及渠道过水能力，制订水量分配方案。用水申请及批复工作流程如图4-11所示。

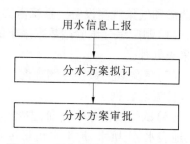

图4-11　用水申请及批复工作流程

流程中各阶段的功能阐述如下：

（1）用水信息上报：用水单位在指定时间内填报用水申请，申请包括年申请、月申请和短期申请。每经过一短周期、一月和一年后填报下一时段的方案，逐时段滚动。

（2）分水方案拟订：供水单位根据用水单位的申请水量，上一周期的供水用水信息，结合水源地可调水量、调蓄水库的运行状态，计算出水量分配的拟订方案。

（3）分水方案审批：在水量拟分配方案的基础上，经行政部门统筹考虑各方利益并会商决策后，审批形成水量调度的正式调度方案。

流程的执行过程如下：

（1）在调度开始时，用水单位提交用水计划申请。

（2）供水单位接收到用水计划申请后，结合可用水量以及水量分配规则，批复或驳回用水申请，驳回的用水申请可由用水单位修改后再次提交。

（3）供水单位完成所有用水户的水量拟分配方案后，将水量分配计划提交至行政审批，审批后形成正式的调度方案。

4. 水信息综合分析数据库

水信息综合分析数据库建设是水信息综合管理系统建设的关键，大型灌区水利信息数据的多维性和海量性使得综合数据库变得极其复杂，而且灌区现有的各业务系统往往分散部署，数据之间的关系也比较松散，需要对系统建设相关数据进行综合分析。因此，新的水利综合信息数据库以原有的各信息系统数据库为基础，以整个灌区为对象，基于统一的数据模型与技术要求，通过各子系统数据的有机整合，形成灌区水利综合数据库。

主要的数据库有基础数据库、设施设备数据库、实时监测数据库、视频监控数据库、水利相关数据库、办公自动化数据库等。水信息综合分析数据库的结构框架如图4-12所示。

4.6.3.4　地表水资源优化调度系统

1. 系统总体设计

地表水资源优化调度系统将在原有的三大水库联合调度系统的基础上进行升级改造，并整合原有的斗口水量监测系统，完善成为地表水资源优化调度系统，实现水库水资源调度决策支持和水资源管理。

地表水资源优化调度主要为了更好地完成灌区灌溉用水的调度，实施总量控制、定额管理，实现灌区水资源的合理利用，充分满足城乡生活用水、保障稳定人工绿洲的基本生态用水、基本满足工业用水、公平保障农业基本用水、协调分配其他生态等用水，为实现向西湖自然保护区调水、下泄7 800万 m^3 的阶段性目标提供强有力的管理支持基础，为流域内水资源合理高效利用和严格的水资源调度管理提供决策依据。

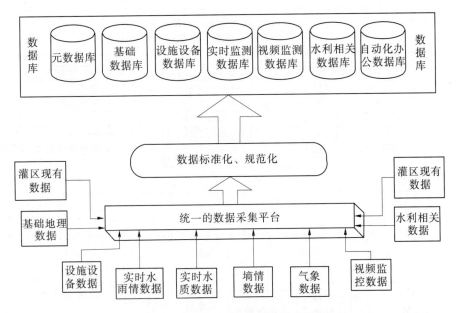

图 4-12　水信息综合分析数据库的结构框架

地表水资源优化调度系统的主要目标是实现基于疏勒河流域灌区 134.42 万亩的节水灌溉及三大水库联合调度,实现灌区水资源的合理利用。在平水年和丰水年,优化调度以生态效益最大化为目标,在枯水年份,优化调度以灌区灌溉缺水程度最小化为目标。根据对以昌马水库为龙头的双塔水库和赤金峡水库来水情况和全流域及灌区用水的分析,综合考虑向双塔和赤金峡水库调水以及下放生态用水等因素,产生水库调度方案(包括洪水调度方案和闸门调度方案)合理调配昌马水库向其他两座水库的输水;正确调度和控制各水库泄洪建筑物的启闭,实现地表水的优化调度运行。地表水资源优化调度功能结构如图 4-13 所示。

2. 业务流程分析

地表水资源优化调度的业务流程如图 4-14 所示。具体的业务流程包括:

(1)水文测报:包括水雨情测报。

(2)洪水预报:对流域汛期的洪水进行预报。

(3)需水预测:对灌区的灌溉用水量和生态用水量进行统计评价预测。

(4)调度计划制订:制订闸门调度计划方案和汛期的洪水调度计划方案。

(5)调度计划调整:当管理处用水计划发生调整时,相应地调整调度计划;批复管理处用水计划申请。

(6)水资源优化配置系统:水资源优化配置系统对用水需求的分析,优化配置灌区的水资源,合理分配用水,提高水资源的利用率。通过水资源优化配置系统,生成灌区、工农业、生态配水方案。

(7)用水计划申请与批复:由管理处提出,根据当前灌区内自身需水和用水情况,结合灌区内的水情、雨情现状,提出合理的用水申请,确保水资源的合理利用。用水申请包含以下内容:申请单位、申请时间、用水时段、用水量、用水去向(详细的用水计划表)。信息中心接收到来自管理处的用水申请以后,结合已有的用水计划,对用水申请里面的每一项进行严格审查,然后确定各部分以及整体的配水量,最后对申请做出批复,发送至管理处或管理所。批复申请

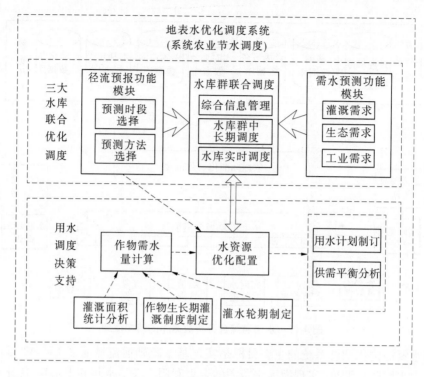

图 4-13　地表水资源优化调度功能结构

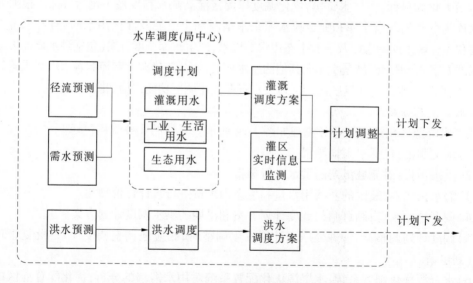

图 4-14　地表水资源优化调度的业务流程

包含以下内容:申请单位、申请时间、批复时间、批复有效期限、用水时段、用水量、用水计划(详细列出已批复水资源的用途和去向)。中心对于接收到的用水申请和发送出去的申请批复都应该进行存档,分别进行编号,录入数据库,以便之后进行历史记录的查询和数据分析。

3.水库联合优化调度系统

水库联合优化调度系统在疏勒河项目已建设完成,需要根据实际应用需求的变化进行更新改造。

我国正在实施"最严格的水资源管理制度"，对不同流域、区域间的水量分配提出了明确要求，水库联合调度是实现水量分配目标的重要措施之一。疏勒河灌区作为全国水权交易的试点灌区，提高水资源的利用效率，考虑水量分配方案的水库联合调度规则是当前疏勒河灌区重要的现实需求。

相对单库调度而言，水库联合调度系统增加了水库间的调水量，在实际操作中则需要增加调水规则来指导水库调度。调水时机和调水规模是决定调水规则的关键因素，这两个方面的合理确定则依赖于供水系统的目标，即不同的供水目标会生成不同的调水规则。对缺水区域而言，目标是如何合理分配有限的水资源，减少缺水损失系统风险。

针对调水量与调水时机不确定的问题，建立基于供水系统全局风险最小化的多水库联合模拟优化调度模型，全局优化确定满足各水库供水要求的水库群调水规则和供水规则，并优化确定调水水库的最大调水规模，最后根据优化规则及调水规模进行水库调度计算，进而求出各计算时段调水量以及各水库区用水户供水量。水库联合调度模型从缺水区域风险最优化的角度，优化确定水库供水限制线、调水控制线和调水水库的最大调水规模，模拟各时段实际调水量和不同用水户供水优先次序的供水量，实现了多水库联合调度，提高灌区水资源利用的最大保证率和利用效率。

4. 用水调度决策支持子系统

用水调度决策支持子系统则是在满足灌区日常业务管理基础之上，制订合理的调水计划，利用该系统生成不同用水部门和灌溉渠系之间的水资源合理分配方案，对不同的水资源配置方案进行评价，供决策者进行决策分析，以辅助实现灌区水资源的合理配置和灌区水资源的可持续利用。

用水调度决策支持子系统可划分为需水分析模块、水资源优化配置模块、灌溉用水计划制订及分析模块，如图4-15所示。

1）需水分析

制定灌区轮期制度、作物生长期灌溉制度，对灌溉面积、植物结构进行统计分析，对各个灌区、渠系的作物需水量进行分析。

需水分析通过上报审批的方式进行逐层管理，由灌区管理所（段）逐级上报至疏管局，上报内容主要包括供水范围内的灌溉面积、作物种类、灌溉定额、灌溉时间等内容。

2）水资源优化配置

对灌区的需水进行分析；制订渠系配水计划，对闸门进行管理；对水资源配置方案进行评价分析。

实时水资源调度子系统的主要功能是在旬调水计划的基础上编制安全可行的水资源调度指令并进行闭环控制。该子系统是水资源调度微观优化管理的方案实施层，是水资源调度系统与闸门站监控系统的接口界面，是年内方案编制子系统的旬水量分配方案的工程运行表现。实时水资源调度工作主要在调度中心，调度中心按照旬水量分配方案调用水量分配模型，生成全线闸站调度指令。在调度中心授权的情况下，管理处可生成所辖范围内闸站的调度指令。

该子系统要完成两项任务，第一是在旬水量分配方案基础上，根据实际调度状态制定实时调度指令，该指令以面临时段各节制闸、分水口、其他控制建筑物的目标流量及其阈值，指令下发现地站执行；第二是实时监控闸站监控系统的水资源调度反馈，若偏离目标值超出阈值范围，重新制定调度目标、发布新的调度指令。该子系统功能包括数学概化、数据准备、系

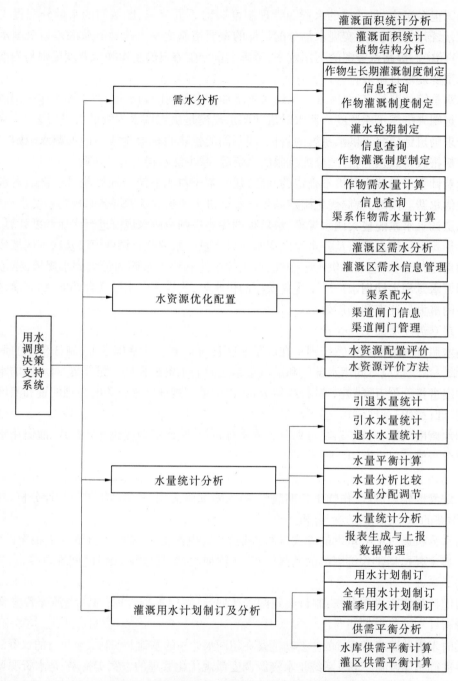

图 4-15　灌区用水调度决策支持功能模块结构

统特性辨识、方案生成、方案管理等。

根据工程的调度稳定性需求,生成的实时调度指令以坦化各分水口的需水流量变化的方法,最大限度延长各控制建筑物的稳定时间,生成的调度指令精确指引闸站的启闭过程。实时水资源调度子系统的设计原则包括避免频繁调闸、兼顾应急调度指令编制和软件系统部署一步到位等。

3）水量统计分析

水量统计分析子系统是一个相对独立的系统,根据结构化程序设计的原则,部署在调度中心、备调中心等水调业务管理部门,也可以是专门的水量计量单位。在调度中心和备调中心的水资源调度日常业务处理子系统中设计有接口,调度中心和备调中心利用此接口可以进行引水量统计分析。

水量统计分析子系统的功能设计应以满足水费征收、供水分析、方案评价、信息发布等业务需求为目标,水量统计分析子系统的主要功能包括引退水量统计、水量平衡计算、水量统计分析报表生成及上报、水量统计分析数据管理等功能模块等。

水费计算子系统主要是根据各分水口门的实际引水量和物价部门制定的水价,计算出应缴纳的水费。同时具有分析比较的功能,可以进行历史水费、水量的分析比较。

水费计算子系统包括水价管理、水费计算、水费水量数据管理、报表生成及上报、供水效益分析等 5 个功能模块。

4）灌溉用水计划制订及分析

制订灌区用水计划,对灌区的供需平衡进行分析。

年内水量分配方案编制子系统的主要目标是建立年内水量分配的业务工作流程,主要任务是建立疏勒河二期工程水量分配的系统概化模型、提出分配方案编制模型的功能要求、设计模型与方案编制系统的接口,以及设计方案编制系统的功能模块。该子系统是水资源调度管理从宏观控制到微观调度的过渡层。

年内水量分配方案编制子系统既能够调用水量分配模块生成疏勒河二期工程水资源调度方案,进行统一管理模式下的分配方案编制,又能够适应冰期输水、应急调度,以及制订分段和局部调度方案,包括在调度中心授权下备调中心编制所辖范围水量分配方案。

年内水量分配方案编制子系统根据调度计划编制时段的不同可分为年水量分配方案编制、月水量分配方案编制和旬水量分配方案编制三个模块。为实现不同模块的功能,需建立年内水量分配模型,以支持各模块的运行。

（1）水资源调度方案评价。

水资源调度方案评价子系统是水资源调度管理效果分析平台,其目标是建立评价水资源调度方案实施效果的评价指标、评价方法和评价模型,从计划完成情况、供水保证程度、渠道输水稳定情况、供水效率、渠道输水能力等方面对年、月、旬水资源调度结果进行评价,通过评价不断优化调度参数,提高调水工程效益和调水利用效率,为滚动编制水量分配方案提供支持。

调度计划评价模型涉及计划完成情况、供水保证程度、渠道输水稳定情况、供水效率、渠道输水能力等几个方面,水资源调度评价指标体系如图 4-16 所示。

水资源调度评价模型采用对比分析法,对调度方案和对应的实测调度结果进行对比分析,从计划完成情况、供水保证程度、渠道输水安全、水资源调度效果等多方面按日、旬、月、年进行滚动评价,为优化调度方案编制提供参考。

调度评价子系统包括调度方案分析评价、调度效果评估、调水效益分析、调水影响分析、调度效果综合评价、分析评价成果存档查询等功能模块。

（2）水资源调度模型开发。

水资源调度模型是为水资源调度系统服务的,是整个水资源调度系统的发动机,水资源调度模型具体包括年内水量分配模型、实时水资源调度模型和水资源调度评价模型三大部

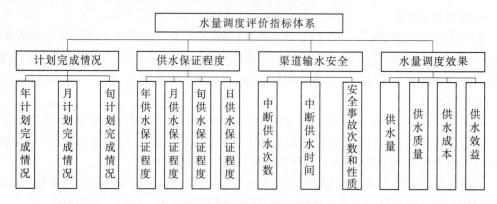

图 4-16　水资源调度评价指标体系

分,分别对应年内水量分配方案编制子系统、实时水资源调度子系统和水资源调度评价子系统的功能要求,涵盖了水资源调度中年、月、旬和实时调度中水量分配与评价的各个方面。

　　水资源调度模型同时与水情信息管理系统的径流预报系统,工程安全信息管理系统的在线分析系统、工程防洪信息管理系统的洪水预警系统进行衔接,利用径流预报系统提供的来水信息并结合东线沿线的用水计划进行水资源调度与评价。根据工程安全在线分析系统提供的工程安全预警信息、洪水预警系统提供的洪水预警信息进行应急调度。水资源调度模型体系结构如图 4-17 所示。

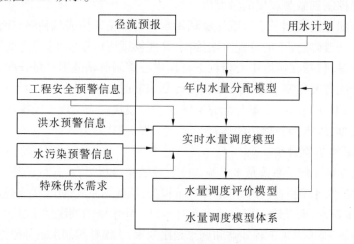

图 4-17　水资源调度模型体系结构

　　水资源调度模型安装在信息中心的水资源调度系统中。

　　①年内水量分配模型。

　　水量分配方案编制与水量分配模型是调用与被调用的关系,因此必须明确水量分配方案编制对水量分配模型的功能要求。对水量分配模型的总体要求如下:

　　a.能编制不同时间步长水量分配方案。水量分配模型可以编制不同时段步长(月、旬)、不同方案编制时段(全年、几个月或几旬)。

　　b.根据前期供水和预留水量确定后期供水。水量分配模型可以根据上一时间步长的水量分配计划(对月计划而言是年计划,对旬计划而言是月计划)和前期供水情况,确定后期预留水量,对超过预期或少于预期的水量在后期进行调整。

c. 满足不同分水单元分配优先序处理。针对不同分水单元供水优先序不同,在出现供水紧张的情况下,模型可以削减不同分水单元的分配水量。模型能够预制多个亏水分配处理序列,每个序列包含的是不同时段分配水量低于需水不同幅度(百分比)的系数,然后指定每个分水单元采用那个亏水分配处理序列。

d. 模型封装要求。编制不同类型的方案不管是一个模型还是几个模型,都必须封装为一个具有多态化接口的单个模型。

e. 模型概化要求。模型对工程的概化必须能用稳定、收敛的算法解决引额供水工程水量分配的主要问题。

f. 模型接口要求。由于模型与方案编制系统的接口数据很多,不应该通过调用参数进行传递,而应该基于数据访问接口通过数据库内容的共享实现方案编制系统与模型的集成。实在需要以调用参数进行传递的应支持参数缺省值、支持顺序实参赋值、任意顺序具名实参赋值。

②实时水资源调度模型。

实时调度子系统通过调用水资源调度模型编制实时调度方案和调度指令。实时水资源调度模型根据每旬计划引水量和该旬前几日实际引水量,考虑前期引水盈亏,滚动调整面临日用水需求,考虑工程当日检修及各渠道输水能力,进行日平衡计算,并满足不同分水单元分配优先序处理要求。

闸站监控系统的调度联动性强、供水调度方案编制面临很多技术难题,如调度方案如何表示问题、调度方案生成时如何解决调度方案与闸门本身的控制要求和渠道安全要求的结合问题、调度方案如何减少或消除闸站控制系统自动控制时的被控量振荡问题、冰期输水的调度方案生成等。因此,实时水资源调度模型还需满足如下要求:

调度指令表述的一致性:水资源调度模型、水资源调度系统和闸站监控系统在实时调度指令表示上应当一致,即实时水资源调度系统通过调用实时水资源调度模型生成调度指令,发送给闸站监控系统执行,该指令应当一致。

满足闸门控制要求和渠道安全要求:生成调度方案时,首先根据调度模式研究成果,依据调水流量选择合适的调度模式。然后采用自上而下或自下而上的递推计算,递推以基本渠段为单位。

减少或消除闸站自动控制系统振荡:坦化需求过程,适当延长调整周期;运行初期,可发布通过较宽泛的流量和水位控制过程的调度方案;运行一段时间后,通过对历史调度过程数据的分析,及时总结分析渠段的流量水位传播规律,对调度模型参数重新率定。

能够生成冰期输水的调度方案:根据沿程监测的气象、水温资料和预测,根据冰期不同阶段各渠段的过流能力,通过水资源调度模型计算全线或局部渠段的安全高效调度方案。

能够生成分段调度的调度方案:当因输水时期不同、冰期输水或因工程险情需要实施局部调度时,以及在信息中心授权下管理处调度所辖范围时,需要生成分段调度的调度方案。

常规功能要求:实时水资源调度模型根据每旬计划引水量和该旬前几日实际引水量,考虑前期引水盈亏,滚动调整面临日用水需求,并根据用水单位提供的面临日可供水量,考虑工程当日检修及各渠段输水能力,进行日平衡计算,并满足不同分水单元分配优先序处理要求。

③水资源调度评价模型。

通过年内方案编制子系统编制的年水资源调度计划,从水资源调度数据库中获取年、月、旬、日的水资源调度结果,按照水资源调度评价子系统设计的指标,获取指标计算的数据进行指标值的计算,综合各指标值得出水资源调度方案的整体评价结果,按照综合办公系统的要求生成相应水资源调度方案评价结果报告和数据,存储在水资源调度数据库中。

④水资源调度模型、水资源调度系统和闸站监控系统间的关系。

水资源调度模型、水资源调度系统和闸站监控系统三者关系密切,是供水工程输水安全高效的保证。三者的总体关系为:水资源调度系统调用实时调度模型并决策生成调度指令,发送闸站监控系统执行并反馈给水资源调度系统,水资源调度系统根据反馈和其他情况再调用实时调度模型生成调度指令发送闸站监控系统执行,如此循环。三者关系如图4-18所示。

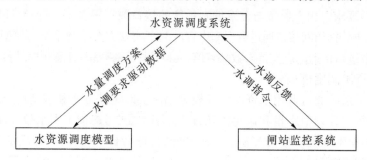

图4-18 水资源调度模型、水资源调度系统和闸站监控系统三者关系

5.地下水监测系统

地下水监测系统,研究地下水与地表水的交替转换规律。通过分析疏勒河三大灌区地下水动态变化趋势,为建立科学合理的地下水开采统一管理机制提供理论依据。

通过研究地下水与地表水转换动态变化规律,并研究地下水系统影响生态环境的机制,分析和预测昌马灌区、双塔灌区和花海灌区环境动态发展趋势,提出若干地下水控制开采的方案和建议,对地下水预测系统研究成果的推广应用及其产生的经济效益进行评价,为疏勒河流域生态环境的保护和地下水资源可持续利用开展基础性工作。

1)功能设计

研究疏勒河流域地表水 – 地下水的转换规律,有助于流域生态评价的完成。该部分内容主要包括疏勒河流域的不同区域的地表水、地下水的分布情况的展示;根据地表水流量监测、人工利用水量监测、地下水埋深监测及泉水监测,动态展示疏勒河流域的地表水、地下水资源开发利用的分布情况。功能包括以下几个方面:

(1)地下水位监测。根据5日监测井监测数据,分析区域地下水位,划定地下水功能区,并适时调整。地下水埋深小于3 m划为可开采区,3~5 m划为限制开采区,大于5 m划为禁止开采区。查询单井水位、区域水位、功能区范围。同时,增加地下水位多年对比分析功能,显示地下水埋深变化曲线。

(2)地下水可开采量计算。根据地下水位和区域面积,计算地下水各功能区地下水可开采量和取水时段,具体到用水户(协会)。

(3)地表水对地下水补充量计算。根据地下水位和实际开采量,确定需要对地下水补充的地表水量,保持地下水位为3~5 m。

(4)完成流域三大灌区的地表水 – 地下水转换关系的分析功能;针对流域内三大灌区(昌马灌区、双塔灌区、花海灌区),分别定量分析灌区在当前流域开发背景下及新规划条件下的地表水－地下水转换关系的变化。地表水－地下水转换关系如图 4-19 所示。

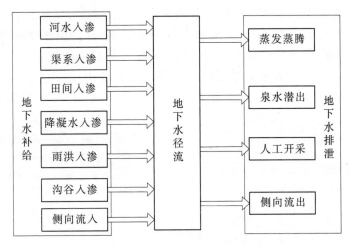

图 4-19 地表水－地下水转换关系示意图

2）地下水及泉水监测

《最严格水资源管理制度实施方案》明确要求：要强化地下水管理和保护，加快地下水动态监测站网工程建设，实行区域地下水开采总量和地下水位双控制，建立地下水位预警机制。

当前，疏勒河灌区地下水监测站网密度偏低、分布不均、种类不全、功能单一，不能满足水资源管理、水环境和水生态保护以及经济社会发展的需要。在新形势下，要根据最严格水资源管理制度的要求，结合地下水监测工作实际和水资源管理需求，积极做好地下水监测站网规划，调整优化地下水监测站网，加强水源地、漏斗区、超采区、限采区、受水区、地面沉降区、污染区地下水监测，逐步使站网布局合理、功能齐全、监测项目合理、设施先进，符合地下水开采总量控制、水量分配、地下水管理、水资源保护和供排水管理要求，建立能科学同步监测地下水位、开采量、水温等水文资料的地下水监测网，达到灌区监测的全覆盖。

地下水监测主要由水位、水温传感器，遥测终端机，电源及通信设备等构成。泉水监测主要是对泉水的流量进行监测并实时传输至灌区管理中心。

3）地表水－地下水的转换模型

根据地表水与地下水转化关系建立转化模型，确定地下水的补给量、地下水径流量及地下水排出量等。

其中，地下水补给量主要由河水渠系入渗量、雨洪入渗量、灌溉下渗量及侧向补给量等组成，通过地下水位监测及补给量预测地下水的径流量，地下水排水量主要由人工开采量及泉水排出量等组成。

通过野外勘察获得地下水和地表水的水位、河床沉积物的渗透系数，用达西定律计算确定地下水排泄到地表水或地表水补给地下水的水量，利用达西定律建立地下水运移模型，结合疏勒河灌区整体的水资源优化调度原则，分析灌区水循环机制，准确评价地下水合理的水资源开发量和改善灌区水生态环境。

4.6.3.5 综合效益评价系统

综合效益评价系统将根据植被、地下水监测数据，实现对生态、经济、社会等多方面的数据进行分析、统计与评价功能。

1. 生态效益评价

生态效益评价主要是通过分析地表水、地下水、泉水、植被等监测数据,对流域范围内的生态效益进行评价。生态评价模块由生态监测和生态分析评价两部分组成,生态监测包括植被监测,地表水监测,地下水监测,沼泽、湿地、草地、绿洲等监测;生态分析评价则包括生态效益评级、生态恢复需水量分析、重点生态目标需水量分析、城镇及农村人工生态需水量分析等内容,其功能结构如图4-20所示。

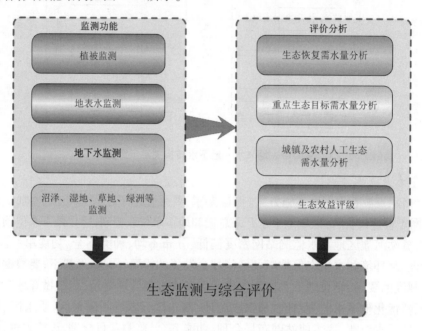

图4-20　生态评价功能结构示意图

2. 经济效益评价

经济效益评价即统计全流域范围内国民生产总值、灌区作物经济指标、灌区耗水量,分析用水结构是否合理。该部分主要内容包括灌溉效益、发电效益、城市供水效益、工业供水效益等综合效益。

3. 社会效益评价

社会效益评价是评价水资源的利用所产生的社会影响及效应。

4.6.3.6　办公自动化系统

1. 办公自动化系统

办公自动化系统的建设将有效降低人力、物力和精力的消耗,降低办公成本,减轻日常办公压力,实现网上办公、移动办公,根据领导批示草拟文稿并能及时得到提示,随时随地处理事物,有效加快办文流程,提高办公效率,加大灌区管理透明度,确保流程的精细化、管控的精细化和运作的严谨性。该系统牵扯处(室)多、内容涉及面广、细节连贯琐碎、程序复杂交叉,需各处(室)紧密配合,按照基本框架完善各自需求,确保系统的可操作性和实效性。

1)基本框架

办公自动化系统基本框架要以党政办公室为中心,按照办文、办会和办事流程,构建基本网络框架;各处(室)结合实际工作需要,提出区域小框架构建意见,形成完整的办公网络系统。

2) 各处室工作流程

就各处(室)办文、办会和办事流程简要描述如下:

(1)公文处理。按照办文流程,每个环节办完签批手续后,系统自动提示,由下一个环节领导在网上审核签批文件,在网上呈现花脸稿和个性化签名。

①办公室内部办文流程:文秘科根据局领导批示草拟文稿→办公室主任签注意见→呈报分管局领导审核或签发→呈局长签发→文秘科安排校对、排版打印→发文并归档。

②机关各处(室)办文流程:处(室)草拟文稿→处(室)负责人初核→文秘科复核→办公室主任复审→分管局领导审核或会签→局长签发→文秘科安排校对、排版打印→发文并归档。

③来文处理流程:收文登记→主任签注拟办意见→传阅签批→按签批意见翻印、转发或处理→按时限督办文件→办结归档。

以上文件办结后,系统自动归类存档。未办结的显示文件办理进度信息。所有办文流程,党政办公室全程跟踪督办,主办处室仅能看到本处室办文的进度,以便催办。

(2)办会流程。

①党委会议:文秘科按照主任安排草拟议题→办公室主任审核→党委书记审核→办公室通知会议→召开会议→形成会议纪要或记录(存档)→通知相关处(室)执行会议决定。

②局务会议:处(室)提出会议申请→办公室汇报分管局领导→请示局长→同意开会→办公室通知会议→召开会议→形成会议纪要或记录(存档)→通知相关处(室)执行会议决定。

③专题会议:有关处(室)提出会议申请→办公室汇报分管局领导→请示局长→同意开会→办公室通知会议→召开会议→形成会议纪要或记录(存档)→通知相关处(室)执行会议决定。

以上办会流程,办公室要能全程跟踪督办,建立固定模板发出会议通知,参会单位接到通知后,及时(提前一天)反馈参会人员名单并形成会议签到册,方便准备会议材料、桌签等。

(3)考勤管理。建立 PC 端考勤打卡软件,工作人员上下班必须打开 PC 端直接打卡汇报考勤情况。出差或临时外出,可通过手机客户端打卡,并说明原因。每月底汇总考勤,考勤员、办公室主任和分管局领导签字,报人事处备查,核发工资和绩效。

(4)车辆管理。现有车辆信息全部录入系统,办公室可直接查看车辆的保险、维修和运行状态等信息;派车人员根据派车情况,随时登记车辆外出运行情况。车辆外出信息要注明出发地、目的地、出发时间、返回时间、行驶里程、乘坐人员信息等。

(5)固定资产管理。记录机关固定资产信息,包括购置时间、价值、报废年限等信息,反映低值易耗品的库存状态。人事处:反映全局在册干部职工在岗情况、招聘工和临时工用工情况、考勤情况;反映干部职工职称、职务等信息;反映新增和退休人员动态。规划计划处:反映工程建设项目申报、立项、设计、审核、可研等进度,统计报表的上报等。财务处:反映年度预算报表和预算执行情况,如水费、电费和财政拨款等各类费用的收、支进度情况,以统计图显示;局领导可根据进度掌握收、支详细进度。水政水资源处:反映各灌区地表水水权权限及实际用水现状;反映河道采砂审批现状分布图;反映水流产权权属关系;反映生态用水供给现状等。工程建设管理处:反映流域骨干水利工程现状;反映近 5 年改建和在建骨干工程、河道归属工程,生态治理项目及病险水闸、水库维修加固工程项目进度情况。灌溉管理处:反映用水计划及执行情况;反映水量报表和各灌季灌溉进度情况;反映防汛抗旱领导机构、责任人、预案和防汛物资、车辆、队伍准备情况;反映防汛值班点、重点防汛地段等情况(平面图);反映水量调度指令及执行情况。综合经营处:反映公司隶属示意图等情况;反映各级公司运转和收支状态。驻兰州办事处:反映驻兰州办事处工作职责、出差人员入住情况和在职干部职工考勤情况。纪委:反映工作动态。工会:反映品牌活动创建情况和主要工作动态。团委:反映品牌活动创建情况和主要工作动态。昌马灌溉管理处:反映主要业务工作动态和党建精神文明建设工作推进情况(责任清单);反映副科级以上干部考勤情况。双塔灌溉管理处:反映主要业务工作动态和党建精神文明建设工作推进情况(责任清单);反映副科级以上干部考勤情况。花海灌溉管理处:反映主要业务工作动态和党建精神文明建设工作推进情况(责任清单);反映副科级以上干部考勤情况。水库电站管理处:反映主要业务工作动态和党建精神文明建设工作推进情况(责任清单);反映副科级以上干部考勤情况。

3)办公自动化系统网络框架构建思路

网络框架由 16 个子模块组成。其中,机关处(室)12 个子模块,基层 4 个子模块,模块相互链接构成全局办公自动化系统网络框架。子模块的功能不仅要有通用功能(公文处理、工作进度统计、数据汇总报送等),也要根据各处(室)不同需求建立个性化功能(内部报表、内部讨论交流等)。子模块不仅内部独立,也要与网络框架链接,各模块之间有不同的操作权限。党政办公室建立子模块的同时,建立一个综合模块(界面平台),局领导和办公室主要负责人可通过相应的权限,随时查阅其他子模块的数据信息。

4)系统的完善与优化

基本网络框架建成后,需要完善的环节、细节还较多,各处(室)必须在实际应用过程中要进行不断地总结,在操作中发现缺陷和问题,逐项逐步进行完善优化。考虑到终端用户操作水平的差异,建议设计开发单位在界面设计方面注重操作的简便性和稳定性。

5)试运行与维护

系统初步建成后,各处(室)务必重视其试运行期的应用,因牵扯到多种数据,建议设计开发单位在系统设计方面注重其权限设置,保证安全性。

2.工程维护管理系统

根据管理处的管理体制、调度运行方式的特点,结合应用的实际需求,以工程运维管理业务的工作流程为主线,从业务需求分析入手,借鉴目前国内外同类系统开发经验,为便于工程实施操作和有利于管理维护,进一步提高工程管理水平,促进信息化系统更好地服务于实际工作。新建工程管理业务系统,优化业务管理模式,统一系统建设的标准和规范。在信息化系统一体化管控平台建设思路的基础上,遵循以下建设思路。

1)标准化管理思路

系统平台的业务流程思路需符合标准化管理的要求,且针对用户管理单位进行定制性优化。标准化管理的理念深入基础信息、设备资产、生产运行、维修养护、安全应急等业务管理的方方面面,均要求做到有据可查,明确权责。在实际操作层面上,根据用户管理单位的业务流程实际进行优化,在系统的使用过程中对标准化的理念深入理解,且操作简便、人性化,达到业务流程的最优化、最佳的平衡性。

2)可扩展的建设思路

在业务流程上,考虑整个工程的统一标准化管理。在建设过程中,则需要在功能设计、数据对接等环节上预留接口。

工程管理信息化将标准化管理的理念深入基础信息、设备资产、生产运行、维修养护、安全应急等业务管理。工程管理应用总体框架如图 4-21 所示。

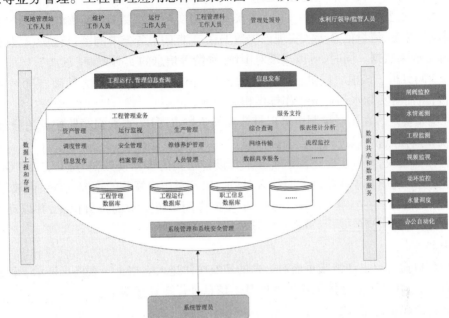

图 4-21   工程管理应用总体框架

3. 基础信息管理

1)工程基本信息

提供渠道、闸门等工程的设计指标、技术参数、缺陷及其养护处理设施状态、鉴定评级、工程建设和加固改造情况、工程大记事等信息进行分类管理,方便查询、增加、修改。

提供地图和表格两种方式对平台管理的各项工程基本信息进行统一管理,默认以地图的方式进行展示,可以通过按钮进行切换至表格。地图底图使用天地图,并提供卫星图、交通图等不同类型的地图,用户也可自定义选择管理范围、保护范围、标识标牌、界桩等图层的开关,并提供用户包括测距、鹰眼等地图基本功能,见图 4-22。

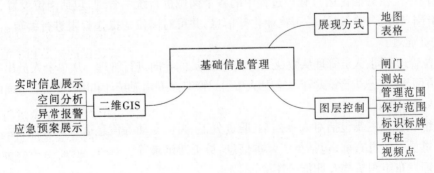

图 4-22   基础信息管理

2)地图功能

除上述的地图基本功能外,基本信息管理页面的地图也是一个综合入口,可以实现多方面的功能。

(1)工程范围界定信息。提供工程管理范围线及桩(牌)矢量布置图。对标识标牌、管理范围、保护范围、界桩等信息进行更新。

（2）实时信息展示。可以动态显示各类站点的实时监视数据，包括水位信息、实时降雨、闸门运行状态、流量信息等。实现该类数据在二维 GIS 系统中的图形化展示，从而直接整合这部分成果数据。同时，可以实现对雨情、水情等信息的实时查询。

（3）空间分析。该模块提供一系列空间分析功能，用户可以地图为基础，进行一些二维空间分析，从而对实际水利业务工作提供相应指导。

（4）视频接入。在图层控制中可以打开视频监控点图层，查看视频监控点的分布，点击单个的视频监控点，可以进入查看视频监控。

视频接入模块，可以实时将固定视频采集设备采集的多路视频信号接入二维 GIS 系统中，从而实现对现场监控视频的实时接入、显示，以及对历史视频的查询、点播、回放等需求。

（5）异常报警。在二维 GIS 平台中同步模拟应用系统生成的报警信息，并以动画的形式传递给用户，例如颜色变化、声音报警等形式。

3）表格页信息

用户可以通过点击详情或页面右上角的切换按钮进入表格页。表格页展示工程全面的基本信息，用户在此可对地图无法展示的基本信息进行统筹管理。

表格信息包括渠道、渡槽、闸门等工程的设计指标、技术参数、工程建设和加固改造情况、工程大记事等信息，并进行分类管理，方便查询、增加、修改。

将工程按闸、站、涵等类型进行分类，各类型的水利设施按管理单位或单座工程的形式进行划分，能够进行信息的添加、编辑、修改等。

4. 机构人员管理

机构人员管理对工程管理单位信息、定岗定编定员信息、人员信息和培训进行统筹管理。

1）管理单位信息

该模块提供对工程管理单位基本信息的管理，也是工程建管单位的面貌展示窗口，方便系统平台新用户快速了解管理单位基本信息。

2）岗位管理

对管理单位在标准化运行管理过程中的各个岗位进行统一管理，包括岗位设置、岗位人员确定、上岗条件、分管领导、是否物业化等信息，并可对岗位的操作权限进行编辑。

3）人员管理

与岗位管理不同，人员管理从微观上，以单个人员的导向进行管理。从单个人员出发，对该人员的全方面基本信息进行统筹管理，包括人事组织管理、人员考勤统计和用户配置三方面内容。

（1）人事组织管理。

人事组织管理主要包括对人事档案、职责分工、岗位变动等信息进行采集、管理。

①提供员工信息查询，包括员工基本信息、员工通讯录等。

②管理发布组织机构及职能分工。

③岗位变动、调整的信息发布等。

（2）用户配置。

实现用户管理和用户权限管理。权限管理包括：授权分为添加信息、修改、删除、查询、审核批复、发送等。每个用户需要先注册，由管理员统一授权。管理员可以修改用户的岗位，也可以修改整个岗位的权限。该功能也可以通过系统设置完成。

4)培训管理

按照标准化管理的要求,培训管理针对管理过程中的培训操作进行统一管理。教育培训主要包括管理单位人员岗位培训和外围公司人员的培训管理等,也包括应急培训和安全培训等内容。用户可对培训计划、培训的实施情况、培训的效果进行全方位把控。

5.文件档案管理

文件档案管理模块包括制度管理、操作手册管理、档案管理。该模块主要以文档浏览和表格两种方式进行展现。

1)制度管理

制度规程管理。能够管理各种制度、规程、办法,方便办公人员随时查看、了解相关的制度。提供各个制度、规程的分类添加、修改、删除的操作界面;提供查询界面,方便各种管理人员分类查询各种制度和规程。

2)操作手册管理

对供水工程管理过程中的各项操作手册进行统一管理。

3)档案管理

电子档案管理对标准化运行管理平台中的全部电子档案提供统一的查询、上传、下载、编辑修改的功能。

电子档案管理包含工程技术档案管理和年度数据整编文档管理。

①具有完善的档案管理制度,在统一界面发布。

②支持分门别类归档。

③支持档案信息的检索。

④电子档案按照不同的密级进行分类。

6.设备资产管理

1)设备编码

设备编码系统的建立可以更好地对水工及机电设备对象进行统一的标识和管理,通过制定合理的、科学的和规范的设备编码,可以方便各种信息的传递与共享。

软件功能如下:

(1)支持设备的树形结构管理。

(2)通过设备编码能与管理责任人进行挂钩,系统中进行对照查询。

(3)支持设备编码与备品备件等的关联使用。

2)设备台账

建立设备台账,主要记录和提供各种必要的设备信息,建立设备台账,反映设备的基本情况以及变化的历史记录,提供管理设备和维护设备的必要信息。它的功能主要包括建立设备所需各个方面的台账,如设备基本信息、设备重要参数、备品备件定额等。便于进行设备的运行信息、检修信息、变更信息等方面的综合分析,也为日常设备的管理和检修提供相应的依据。

软件功能如下:

(1)设备基本信息登记、设备技术规范登记、设备重要事故登记、设备运行情况登记、设备异动情况登记、设备备件登记、查询设备台账等功能。

(2)设备台账管理能够根据用户的岗位和身份的不同,提供不同的查询功能。从而实现:设备台账查询;设备位置查询;设备维修记录。

3)备品备件

备品备件管理与设备台账关联,可以随时调用在设备台账中针对某具体备品备件的所有信息,并做到相应的分析判断。

软件功能如下:

为设备管理提供必要的备品备件库存信息,将备品备件和材料的入库、领用进行规范的流程化管理。

7.生产运行管理

1)运行日志

围绕管理单位的"运行交接班制"集中规范管理运行岗位的值班记录,供管理人员查询了解设备运行管理情况,实现运行交接班管理及相关日志记录、统计、查询等功能。

软件功能如下:

(1)记录值班期间主要的运行事件、主要设备运行情况及关注指标参数,交接班时会将上一班次关注的设备的状态自动取到本班。

(2)与两票数据关联,当发生执行两票业务时,应记录相关运行日志,从而保证运行日志与两票相关联,便于运行人员跟踪监督。

(3)记事查询。可查询往期日志。查询方式支持模糊查询,查询的结果按时间顺序排序分栏显示。

2)调度管理

调度管理模块能够根据接收到的工程运行调度指令,按照相关规定自动提供可供选择的调度方案,并能够记录、跟踪调度指令的流转和执行过程。

软件功能如下:

提供调度指令记录、查询、统计界面。水量调度包括常规调度和应急调度,两者应分开编号并详细记录调度内容;水量调度应记录调度单编号、发令单位、发令人、发令时间、指令内容、接收单位、接受人等内容,系统应支持基于发令时间的查询。调度单已执行签章后,不能编辑和删除,系统支持基于调度信息多条件查询功能。

3)操作票管理

操作票是指在工程运行管理中进行电气操作的书面依据,操作票的管理包括操作票模板录入、填写、执行、检查等环节。

软件功能如下:

(1)各种典型操作,可根据不同的操作任务,制定格式相对固定的操作任务票,应包含编号、操作任务、操作时间、操作顺序、发令人、受令人、操作人、监护人等,支持编号、操作任务、操作时间、操作人、监护人等的查询功能。

(2)水闸运行记录应符合《水闸运行规程》(DB/T 1595—2010)中水闸启闭记录表的规定,记录水闸流量、闸高调整的记录,以及每次操作的时间、操作人、监护人。

4)值班管理

值班管理系统以自动化的模式将值班人员的值班记录统一管理,保障值班事务的规范化和标准化,为工程稳定运行提供基本保障。

值班管理的业务流程为值班人员信息管理、生成排班表、值班记事填报(与运行日志共享数据)等阶段。

软件功能如下:

(1)值班人员管理。对值班人员的姓名、部门、联系方式等基本信息进行统一维护和管理。

(2)排班管理。对选定的值班人员,按照指定规则生成排班表,排班的结果可人为修改。该值班表生效后,排班的结果不可修改。

(3)交接班管理。会根据设定的交接班时间自动弹出交接班提醒,交接班完成后,接班人员会收到交接班必读提醒,该功能显示本班次人员需要注意的调度规定、前后班次交接内容等信息。

8.维修养护管理

1)工程检查

工程检查模块能够按照渠道、渡槽、闸门、水库等的日常检查、定期检查、不定期检查要求,实现检查表的填写、审核和自动生成检查报告。

软件功能如下:

(1)能够在线填报经常检查、定期检查、特别检查等记录;提供按照时段、工程、管理所等进行单条件或者组合条件查询。

(2)具体实现内容和要求如下:

工程巡检:反映检查的内容、时间、线路要求,按照固定表式填写、查询存在问题及处理流程。软件功能包括信息填报、流程监控、报表生成、查询。

定期检修:以单座工程为单位,按照固定表式填写、查询。同时,形成检查报告。软件功能包括信息填报、流程监控、报表生成和查询。

隐患管理:对检查发现的设备和建筑物等工程隐患进行登记,并反映处理流程。软件功能包括信息填报、流程监控、报表生成和查询。隐患治理模块主要对隐患进行登记,反映按流程管理情况,并根据整改结果进行统计。

2)工作票管理

实现工作票的自动开票和自动流转。在开票时,根据情况允许用户对工作票进行执行、作废、打印等操作。

软件功能如下:

(1)工作票模板中包含标准的安全措施,操作票模板包括了危险点分析,方便调用。

(2)工作票与设备关联,按设备查询工作票结果。

3)预算管理

以预算管理为控制手段,全过程管控设备日常维护和检修工作,提高设备检修资金利用率;实现成本管理,使管理者实时掌控单位设备管理的费用发生情况,提高设备维护的经济性。

软件功能如下:

(1)预算编制方面:满足单位内部的费用、资金审批和预算限额要求,预算可以按月度、年度进行分解和管理。

(2)预算执行方面:对物资采购、费用报销等费用发生的关节节点进行监控,可实时掌握预算总额、已发生费用、剩余费用、占用百分比。

(3)预算分析方面:按部门、预算项目对预算执行情况进行分析。

4）项目管理

维修养护管理模块能够对每年的所有工程的维修、养护项目进行管理,方便进行查询统计。能够对每年的维修养护项目的立项批复、实施方案、实施过程、验收等过程管理。

软件功能如下:

作为维修、养护项目信息管理的工作平台,各个管理站工作人员通过这个平台管理设备、建筑物的维修、养护信息。具体功能包括:

(1)维修、养护项目的信息管理,包括基本信息、实施过程信息、验收信息。

(2)对维修、养护项目的管理过程进行管理,包括计划申报、项目批复、实施方案、变更批复,中间验收、竣工验收等。

(3)能够按照年份、时间段等多种条件进行统计检索,检索结果可以链接维修、养护项目的过程记录、实施结果记录。

9.安全应急管理

1）安全台账

安全生产管理模块能够对全局的所有工程的安全生产情况进行管理,方便查询统计。需要管理的信息包括组织机构、管理网络、安全台账、培训记录、安全检查及存在问题处理记录、事故处理等。

2）预案管理

软件功能:收录各管理单位历年防汛、防火、防冻预案,反事故预案。提供管理平台,管理处和管理所的相关负责人可以填写各种预案。以时间、预案种类进行检索。

3）预警发布

为提高设备运行的安全性和经济性,预先设定各种参数的报警值;当设备参数超限时向技术人员报警。

软件功能如下:

(1)超限数据的预警功能,及时提醒相关运行人员。

(2)提供超限统计历史数据查询,并可以生成报表,有利于技术人员分析发生超限原因,找出设备的易损点。

4）应急响应

应急预案可以由信息化系统自动执行,或由人工执行(调度值班人员通知驻地人员执行);系统对预案的执行进行跟踪,及时将处理的数据提取反馈,调整动作,进行处理;责任人可以直接通过手机获取抢险指令。在行进和抢险过程中,指挥人员通过系统实时了解抢险队伍行进的路线,根据需要进行调度、增援,实现可视化指挥。

提供管理平台,管理单位相关负责人可以进行应急事件的处置情况记录,可以按管理单位、单座工程、时间进行分类检索。

4.6.3.7　移动应用及微信平台

1.移动应用

1）总体框架

移动应用系统可以实现将现有 Web 信息系统在移动端的延伸和拓展。利用无线通信网络,在手机、平板等智能手持设备上提供随时随地的信息查询、展示。解决传统办公模式下信息获取的时空限制问题,无论是在外出差或是现场调研指挥,通过移动终端应用系统都能进行信息的及时获取,为管理人员的日常工作和应急决策提供快捷、便利和全面的信息支撑,辅助增强决策的合理性和科学性。系统总体框架如图 4-23 所示。

图 4-23　系统总体框架

2)主要技术特点

(1)基于位置的服务。

利用移动 GIS 引擎和手机 GPS 定位的功能,可以实现基于位置的服务(Location Base Service,简称 LBS),提供了更为精准的服务,使得手机服务的使用者可以根据自身的经纬度坐标位置信息,获得位置附近的信息点,如附近的工程列表、水位雨量数据等。这种方式极大提高了信息的获取效率。人员还可以将移动轨迹,基于位置的图片、视频等信息发送到服务端,方便其他人员和指挥中心精确定位跟踪,查询位置处的实时图片、视频。

(2)信息推送服务。

传统的消息以短信的方式发送到人员的手机上。短信是纯文本的方式,且篇幅有限,无法呈现出更详细的信息。利用消息推送服务,可以将图片、网页链接、视频等内容推送到手机端,用户可以看到更多丰富的内容而不仅仅是文字。

(3)图形报表引擎。

传统的移动信息查询是信息文字的罗列和堆砌,信息显示不直观。利用图形报表引擎,在移动端仍然可以获得生动直观的图形化信息展示界面和可定制化的报表,充分满足各类数据监测和统计分析的需求。

3)网络结构图

计算机网络采用超融合技术搭建,对电站等重要网络利用隔离网闸进行强隔离。移动应用服务端通过外网络由向公网发布服务,移动端可以通过无线局域网络(WLAN)和移动通信网络(3G/4G)获得服务。利用网络、移动基站、GPS 卫星获得定位。主要业务功能如下:

(1)登录页面。

登录页面提供用户登录的接口,让系统的服务端识别终端的身份。考虑到移动巡检工作实际中面临的网络信号不良中断等问题,提供离线运行的模式,保证系统除了实时数据查询部分的内容能够正常地启动和运行。

（2）主页。

主页对系统的所有功能进行分类和导航。移动巡检系统主页展示了运行监视、水资源调度、视频监控、工程管理、工程巡查、关注站点、信息通知、系统管理等部分的内容。

（3）主页滑动菜单。

在主页向右侧滑动屏幕会弹出主页滑动菜单，列出登录用户的信息，以及用户经常使用的操作的快捷按钮。

（4）每日报告。

在移动端每天以简报的形式汇总当前的信息，显示包括今日天气预报、设备运行情况、重要站点的实时流量及昨日供水量等。

简报的内容及格式可定制，定期发送时间可选择，格式如下：

供水实时流量每日报告格式：×月××日，总干总进水流量×.× m³/s。

供水量每日报告格式：×月××日，总干总日供水量××m³。

（5）运行监视。

工程运行监视按照工程渠系进行分类分专业监视和查询，包括实时水位、流量、闸阀门开度等。

如果有报警产生，服务端会立即以短信、信息通知等方式推送到值班人员的手机上，点击信息通知，可以查询到预警的详细信息。

水情数据的分类分专业查询，提供如下定制展示方式：

①渠供水的实时流量柱状图、日供水量柱状图、月供水量柱状图、供水百分比饼图等。

②闸后水位实时监视列表。

③闸门开度实时监视列表。

④各斗农口供水的实时流量柱状图、日供水量柱状图、月供水量柱状图。

提供水情的图表查询，提供对单站站号、站名、指定起止时间的水位、流量过程图形、柱状图及表格显示。

（6）水量调度。

在移动终端设备上能调用查看水量调度相关业务的过程查询。主要查询信息内容包括：

①审批后的用水计划，分为年、短期计划。

②调度计划的查询。

③水量统计查询，进行工程全线及各分水口的输水量查询。

（7）视频监控。

在移动终端设备上能调用查看视频监控系统实时视频画面，能够进行云台控制、图片抓拍，能进行视频录像的回放。

（8）工程管理。

提供运行日志的查询，通过运行日志的查询，使运管部门负责人能对在运行值班期间的重要事项进行知会与查看。日志查询主要针对记录值班期间的运行事件、设备运行情况及关注指标参数，调度指令的下发与执行情况，检修维护记录等，全面跟踪全线供水运行实况。

（9）工程巡查。

站点巡查模块的主要功能是巡检人员根据巡检任务巡检路线。在现场，拍摄上传站点的图片、上报位置坐标信息，以及保存上传巡查记录，对于发现的隐患信息进行及时上报处理。

（10）指挥调度。

根据指挥调度中心的调度指令，当前登录移动应用的人员目前需要执行的任务及当前的总任务流程信息。有服务端推送过来的消息时，会以通知的方式显示在移动终端。信息通知就是查看由服务端推送过来的接收到的历史消息。人员在现场，拍摄上传站点的图片、上报位置坐标信息，以及保存上传任务的执行情况记录。现场人员手持移动手机终端，通过4G 移动网络可以将现场的情况以照片、视频等方式发回中心。

（11）通知公告。

有服务端推送过来的消息时，会以通知的方式显示在移动终端。信息通知就是查看由服务端推送过来的接收到的历史消息。由服务端进行操作，分为任务通知、调度指令和系统消息通知等。

（12）应急通信。

查询展示相关防汛工作的责任人，查询联系人详细信息。点击详细信息中的联系方式可直接通过手机实现拨号。可以根据部门小组名称、人员姓名等信息进行查询。

（13）资料查看。

实现手机端查看预案、简报、档案、法律法规等相关资料，可以下载到本地保存。

（14）气象信息。

接入气象部门发布的天气预报、卫星云图等数据内容，在手机端进行展示。

4）系统安全

（1）登录管理：对所有用户的登录和手机端 App 用户进行管理。

（2）用户权限管理：可通过设定不同的权限来保证系统的数据安全性。

通过结合相关协议的自主开发来实现权限管理，包括基于用户的权限管理；基于用户组的权限管理；基于访问时间的权限管理；对以上几类访问的组合。

2. 微信平台

微信平台总体框架如下。

1）J2EE 开发体系

系统采用 J2EE 开发体系，Java 端基于定制的基础开发框架，采用 SSH，数据采集基于一体化数据采集平台，见图4-24。

2）微信开发体系

微信开发体系如图4-25 所示。

系统功能主要围绕对各类雨情、水情、设备监控运行等数据的实时及历史数据查询、展示；有表格、曲线、柱状图等多种展示方式，其他有告警信息、办公咨询、文化建设宣传等个性服务静态文本推送。主要功能如下：

（1）信息查询。

水位、雨量的综合类比柱状图查询等。

（2）信息服务。

信息服务查询主要是对各类雨情、水情、大坝监测、闸门开度等数据的越限值进行告警推送。

（3）办公咨询。

办公咨询分为建议留言、局宣传、通讯录、工程概况。

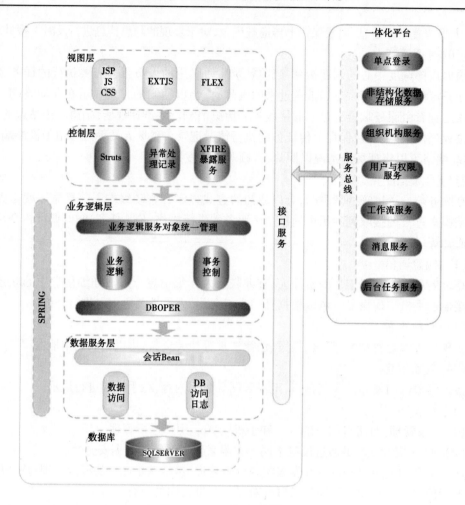

图 4-24　J2EE 开发体系

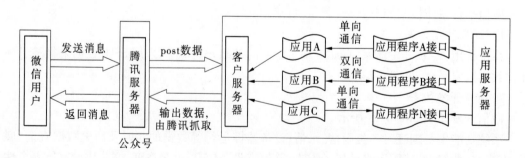

图 4-25　微信开发体系

（4）后台配置。

提供数据查询、信息服务、办公咨询等的后台配置界面，能够针对后期不同的项目实际情况，灵活配置增加测点、静态文本、工程信息等功能。

4.7　小　结

（1）从灌区信息化系统升级耦合总体设计思路、原则、总体技术框架、通信传输网络、计算机网络、综合应用系统耦合升级等方面建立了灌区信息化系统升级耦合总体设计技术体系。

（2）基于总体结构、信息采集系统、数据处理系统、控制交互系统、数据管理平台、元数据系统、数据维护管理系统的数据汇集平台，基于总体结构、基础支撑环境构建、统一用户管理系统、统一数据交换系统、统一地图服务系统、统一服务管理系统的应用支撑平台，基于闸门远程控制系统、网络视频监控系统、水信息综合管理系统、地表水资源优化调度系统、综合效益评价系统、办公自动化系统和移动应用及微信平台的业务应用等，提出了灌区综合应用系统升级耦合设计方案。

第 5 章　灌区信息化系统升级
耦合建设及应用研究

5.1　升级耦合后灌区信息化系统总体架构

5.1.1　数据架构实现

疏勒河灌区信息化系统升级耦合是以建设统一数据中心为目标,采用面向对象的统一数据模型对基础数据、综合服务和日常工作等数据进行规划设计,实现数据空间、属性、关系和元数据的一体化管理,为业务应用系统提供高效的数据支撑。其组成主要包括数据汇集、数据管理和数据集成三个方面,见图 5-1。

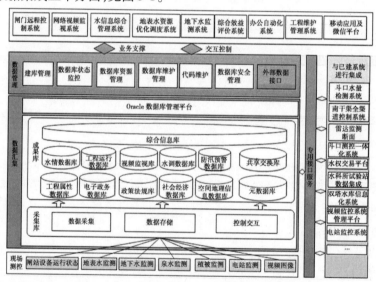

图 5-1　信息化系统建设与系统总集成数据架构

5.1.2　技术架构实现

疏勒河干流水资源监测和调度管理信息系统应用系统建设与系统总集成的技术架构围绕安全、先进和可靠等思想,采用面向服务的 SOA 应用架构体系,支持 J2EE 技术规范,采用组件化、服务化和分层等策略,广泛使用服务组件和模块化技术以及高度灵活可配技术,构建"插件式"软件框架平台,同时基于闸门远程监控系统、网络视频终端系统等开发系统用接口服务,实现系统之间的无缝集成,满足系统的可靠性和可扩展性等多种要求。其软件系统和硬件平台技术架构如图 5-2 所示。

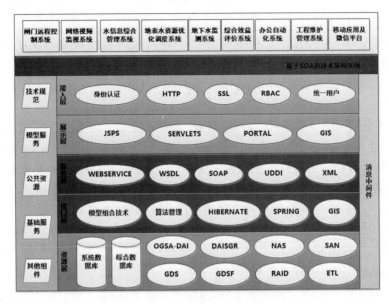

图 5-2 信息化系统建设与系统总集成技术架构

5.1.3 核心技术路线

疏勒河干流水资源监测和调度管理信息系统应用系统建设与系统总集成采用 SOA 体系架构,支持 J2EE 技术规范,支持中间件技术,并贯穿工作流技术,实现系统快速开发、敏捷定制。核心技术路线如下。

5.1.3.1 基于 SOA 和企业服务总线构建软件系统的集成框架

SOA 体系是一种规划 IT 系统的方法论和架构思想,是从全局的角度审视与信息化相关的业务、信息、技术和应用间的相互作用关系以及这种关系对企业业务流程和功能的影响。SOA 架构对于突破信息化建设过程中长期存在的瓶颈,诸如信息孤岛、适应需求能力差、重复建设、新应用周期长等问题从整体规划的角度提供了有力的解决手段。

面向服务的体系结构(SOA:Service Oriented Architecture)是一个组件模型,它将应用程序的不同功能单元(称为服务)通过这些服务之间定义良好的接口和契约联系起来。接口是采用中立的方式进行定义的,它应该独立于实现服务的硬件平台、操作系统和编程语言。这使得构建在各种各样的系统中的服务可以以一种统一和通用的方式进行交互。这种具有中立的接口定义(没有强制绑定到特定的实现上)的特征称为服务之间的松耦合。

松耦合系统的好处有两点:一点是它的灵活性;另一点是当组成整个应用程序的每个服务的内部结构和实现逐渐地发生改变时,它能够继续存在。另外,紧耦合意味着应用程序的不同组件之间的接口与其功能和结构是紧密相连的,因而当需要对部分或整个应用程序进行某种形式的更改时,它们就显得非常脆弱。

对松耦合系统的需要来源于业务应用程序需要,根据业务的需要变得更加灵活,以适应不断变化的环境,比如经常改变的政策、业务级别、业务重点、合作伙伴关系、行业地位以及其他与业务有关的因素,这些因素甚至会影响业务的性质。我们称能够灵活地适应环境变化的业务为按需业务,在按需业务中,一旦需要,就可以对完成或执行任务的方式进行必要的更改。

　　与面向对象的程序设计不同,面向对象的程序设计强烈地要求将数据和过程绑定在一起,是紧耦合的模型。虽然基于 SOA 的系统并不排除使用面向对象的设计来构建单个服务,但是其整体设计却是面向服务的。不同之处在于接口本身,SOA 通过使用基于 XML 的语言[称为 Web 服务描述语言(WebServices Definition Language,WSDL)]来描述接口,使服务转到更动态且更灵活的接口系统中。

　　在 SOA 体系结构中,服务提供者创建服务,该服务被用于交互,并通过必要的消息格式和传输绑定向使用者解释服务的描述。服务提供者可以决定使用所选的注册表对服务及其描述进行注册;服务使用者可以从注册表中或者直接从服务提供者那里发现服务,并且以定义好的 XML 格式开始发送消息,而使用者和服务都能够使用这种 XML 格式。

　　SOA 通过两个约束实现软件代理之间的松耦合:一是所有参与软件都遵循一个简单统一的接口集合,接口被赋予通用的语义,所有的服务提供者和服务消费者都能使用;二是通过该接口传递的参数遵循一个可扩展的消息描述规范,有特定的词汇和结构,可扩展机制允许新服务的引入,不破坏已有的服务。

　　判断一个体系结构是否是面向服务的,可以比对以下规则:

　　(1)消息必须以被描述的形式出现,而不是指令形式;因为服务提供者负责解决问题,服务使用方只是进行参数选择,表达要干什么,而不是指示怎么干。

　　(2)必须限制消息的词汇和结构,如果消息不按照规定的格式、词汇和结构表达,服务提供方将不能理解服务请求,越严格,越不会出错,但会降低可扩展性。

　　(3)可扩展性至关重要,软件系统本身必然随使用环境和用户需求的变化而变化,这通常与好的实现方法相关,就是要在限制与可扩展性两个方面进行有效的平衡。

　　(4)SOA 必须有一个机制使得消费者能够通过服务索引的上下文发现一个服务,这个机制可以灵活选择,不一定都是集中注册。

5.1.3.2　基于 JavaEE 技术体系构建插件式信息自动化软件系统

　　JavaEE 是开发、部署、运行和管理基于 Java 分布式应用的标准平台。它以 Java2 平台标准版(J2SE)为基础,继承了标准版的许多优点,还提供了对 EJB、Java Servlet、JSP 等技术的全面支持。JavaEE 使用 EJB Server 作为商业组件的部署环境,在 EJB Server 中提供了分布式计算环境中组件需要的服务,例如,组件生命周期的管理、数据库连接的管理、分布式事务的支持、组件的命名服务等。JavaEE 用于实现应用服务器有其优势,它可以利用 Java 语言自身具有的跨平台性、可移植性、对象特性、内存管理等方面的性能,为应用服务器的实现提供一个完整的底层框架。JavaEE 中定义的各种服务,包括 JSP 和 Servlet 容器、EJB 容器、JDBC、JNDI(名字目录服务)、JTS/JTA(事务服务)、JMS(消息服务)等,也分别为应用服务器提供了各种支持。目前,基于 JavaEE 的应用服务器主要有 TongWeb、BEAWebLogic、IBMWebsphere 等。

5.1.3.3　基于 WebServices 技术体系完成软件系统服务的发布与管理

　　Web 服务的一个主要思想,就是未来的应用将由一组应用了网络的服务组合而成。只要两个等同的服务使用统一标准和中性的方法在网上宣传自己,那么从理论上说,一个应用程序就可以根据价格或者性能的标准,从两个彼此竞争的服务之中选出一个。此外,一些服务允许在机器之间复制,因而可以通过把有用的服务复制到本地储存库,来提高允许运行在特定的计算机(群)上的应用程序的性能。

　　WebServices 体系结构是面向对象分析与设计(OOAD)的一种合理发展,同时是电子商务解决方案中,面向体系结构、设计、实现与部署而采用的组件化的合理发展。这两种方式在复杂的大型系统中经受住了考验。和面向对象系统一样,封装、消息传递、动态绑定、服务描述和查询也是 WebServices 中的基本概念,而且 WebServices 另外一个基本概念就是:所有东西都是服务,这些服务发布一个 API 供网络中的其他服务使用,并且封装了实现细节。

5.1.3.4　基于 GIS 技术完成各项信息在空间平台上的集中展示

1. 组件式 GIS 技术

在建立水利应用系统软件过程中,既需要充分利用现有的商用 GIS 软件已经开发的常用的通用 GIS 功能,如地图显示、空间分析、专题制图等功能,又需要根据水利业务需求定制一些特定的功能,如环保事件时空分析、专业模型分析、资源调度等,并且所开发的系统必须能够很好地和其他子系统紧密地集成。采用组件式 GIS 技术能够很好地解决上述问题。

2. 空间数据库技术

空间数据库技术采用关系数据库来存储空间数据,从而实现空间数据与属性数据的一体化存储,即地图数据与业务数据的一体化存储。

空间数据库技术充分利用了成熟的大型商用数据库管理系统作为空间数据存储的容器,从而可以方便地实现空间数据与其他非空间的业务数据存储到统一的数据库中,便于数据的无缝集成。

3. 多源空间数据无缝集成技术

多源空间数据无缝集成技术不仅能够同时支持多种形式的空间数据库和数据格式,能够完成由空间数据库到各种交换格式的输入输出,而且能够直接读取常用的 CAD 数据,如 DWG 数据和 DGN 数据等。

该技术支持转换大多数常用的图形数据格式,如 DWG、Coverage、Tab 等;支持国家标准交换格式,如 VCT 等;支持多种影像文件格式,如 TIF、GeoTIF、BMP、JPG、ECW、MrSID 等。

4. WebGIS 技术

为了解决 GIS 技术与 Web 技术的无缝集成,需要采用 WebGIS 技术。

5.1.3.5　基于企业级数据库产品和水利数据模型构建数据中心

(1)绑定数据库崩溃恢复:使得恢复时间加快并且可预测,并提高了满足服务等级目标的能力。

(2)防止数据故障。

(3)防止存储故障。

(4)防止人为错误:提供易用且强大的工具,有助于管理员快速诊断发生的错误,并从错误中得以恢复。

(5)避免人为错误:通过对用户进行验证,管理员可向用户授予他们执行任务所需的访问权限。

(6)防止数据损坏。

(7)快速备份和恢复:可以自动管理备份并将所有数据恢复至快速恢复区。

1. 基于 Portal 技术快速构建企业网站和业务应用门户

在企事业单位内部的各种信息系统逐步发展完备的情形下,新的问题、新的需求逐步浮现出来:各种信息系统自成一体,使用和维护成本增大;信息资源不能共享,数据一致性维护的成本太高;用户需要多次重复登录进入不同系统,操作烦琐,工作效率受限;用户不能按需获取信息定制内容;现有系统缺少用户之间的协作支持等。因此,如何将各阶段建立起来的各式各样的信息系统资源重新整合,即把一个个的信息孤岛有效地联结起来,通过一个"港口"简便进出,正在成为信息系统深化发展的首要问题。

Protal(门户)技术的出现,带来了解决这些问题的良方。Portal 以用户为中心,提供统一的用户登录,实现信息的集中访问,集成了办公商务一体的工作流环境。利用 Portal 技术,可以方便地将员工所需要的,来源于各种渠道的信息资料集成在一个统一的桌面视窗之内。根据 Portal 提供的定制功能,部门主管可以为本部门人员量身定制一套特有的信息门户,将部门共同所需信息有效地组织在统一的 Web 浏览器之中,并可根据人员级别和职能来设定相应的访问操作权限。

2. Portal 主要功能

(1)单点登录(SSO——Single Sign‐On):Portal 提供对各种应用系统和数据的安全集成,用户只需从 Portal 服务器登录一次就可以访问其他应用系统和数据库。对于安全性要求较高的业务系统,如电子银行、电子交易系统等,通过传递用户身份信息,如数字证书信息、数字签名信息等进行二次身份认证,保证单点登录的安全性。单点登录既减少了用户在多个应用系统反复登录、多次认证的麻烦,更是简化了各种应用系统对用户及其权限的一致性维护管理。

(2)资源整合:能够把各种不同应用的内容聚合到一个统一的页面呈现给用户,实现同应用系统实时交换信息。能够从各种数据源如数据库、多种格式的文件档案、Web 页面、电子邮件等集成用户所需的动态内容。

(3)定制与个性化:能够为不同角色的用户制定不同功能权限的 Portal 页面。同时,用户自己能够按照喜好在规定的权限下定制自己风格的页面和内容,如可以定制 Portal 页面,取舍不同功能和内容的 Portlet 窗口,自行布置 Portlet 窗口的摆放位置,可以对 Portlet 窗口外观,如标题、图标、颜色等进行个性化设置。

(4)协作功能:为用户提供即时讨论、聊天、论坛、电子邮件以及语音或视频会议等功能。

(5)工作流:支持根据业务处理规则建立起来的工作流任务处理,比如审批流程等待办事宜。

(6)信息检索:从多种数据源检索动态信息资料。

(7)客户端:除 Web 浏览器外,可以为 PDA 和手机提供接口,实现移动接入服务。

3. Portal 标准

建立一个以标准为依托的 Portal 才能很好地保护自己的投资,既便于同现有应用系统连接,也使得同第三方的相关产品更容易接口。在 2003 年先后发布的 JSR‐168 和 WSRP 两大标准为 Portal 的发展奠定了基础,结束了战国纷争的局面,Portal 的发展和应用将会更加广阔长远。

常用的与 Portal 紧密相关的技术标准如下:

(1)WSDL——WebService Description Language。Web 服务描述语言。WSDL 是用来描述 Web 服务和说明如何与 Web 服务通信的 XML 语言。WSDL 语言使用 XML 格式来描述信息的接口、访问格式和处理形式。WSDL 描述信息内容。

(2)SOAP——Simple Object Access Protocol。简单对象访问协议。SOAP 是一种在无中心的分布式环境下,应用系统之间交换结构化信息和特定类型的信息所使用的基于 XML 的轻量级协议。SOAP 允许任何信息对象在任何语言、任何平台上使用多种传输协议实现传输处理。

SOAP 定义信息的传输处理。在 Web 应用环境中,通常把 SOAP 同 WSDL 结合起来,利用 HTTP 协议实现应用系统之间交换各种类型的信息对象。

(3) JSR – 168——Java Specification Request – Portlet Specification。JavaPortlet 规范。JSR – 168 为业界明确了 Portal 的定义,制定了 Portlet 规范标准,从而解决了基于 Java 的 Portal 之间,以及同其他 Web 应用系统之间的互操作性。遵循 JSR – 168 的 Portlet 将具有适用于所有 Portal 服务器和 Web 应用系统,支持多种类型的客户端,支持本地化和国际化,具备确定的安全性,允许 Portal 应用程序热部署和重新部署。

(4) WSRP——WebServices for Remote Portlets。远程 Portlet Web 服务协议。WSRP 定义了 Portal 和 Portlet 容器服务之间标准化接口的一个 Web 服务标准。WSRP 允许在 Portal 之间或其他 Web 应用上即插即用,具有互操作性,提供可视化的、面向用户的远程 Web 服务。

远程 Portlet 在远程服务器上作为 Web 服务运行,其服务可以发布到公共的或单位自己的 UDDI 服务器上。Portal 或其他支持 WSRP 的应用系统通过 UDDI 服务来查找并使用远程系统提供的 WSRP 服务内容。

WSRP 的典型应用是把天气预报、即时新闻、股市行情等嵌入自己的 Portal 中(在国外有专门的 WSRP 内容提供商提供这种服务)。

WSRP 使用了 WSDL 定义应用程序的接口,并以 SOAP 作为通信标准。

(5)其他规范标准。此外,还有一些与 Portal 有一定关联的技术标准,在开发建立 Portal 应用中将会使用到:

UDDI:Universal Description,Discoveryand Integration

JSR – 170/283:Java Specification Request-Content Repository for Java Technology API

JAAS:Java Authenticationand Authorization Service

LDAP:Lightweight Directory Access Protocol

SAML:Security Assertion Markup Language

BPEL:Business Process Execution Language for Web Services

4. Portal 应用实现

建立一个良好的 Portal 应用需要充分考虑各种应用系统和数据资源的整合问题:

(1)现有应用系统和数据资源的利用。对能够改造利用的,要开发相应的 Portlet 组件来重新实现;对不能利用改造的,可以通过链接的方式跳转到这些系统,其中的数据库资源可以采用单纯读取的方式获得;还有些封闭的专业应用系统可能完全无法接入 Portal,可以采取定期卸载的方式获得它的数据库资源。

(2)新建应用系统的考虑需要以 Portal 理念进行设计,按照相关标准来开发实现应用功能的 Portlet 组件,然后集成到 Portal 系统使用。

(3)单点登录与权限管理对于新建应用系统或能够改造的现有应用系统,通过 Portlet 组件比较容易实现单点登录,进行统一用户认证和用户权限的控制。当然,对那些安全性要求较高的应用系统还可以在这些系统内部进行二次认证和授权处理。对那些不能改造的应用系统显然也无法实现单点登录,用户需要重新登录到这类系统,用户管理和权限控制还依赖于这些系统自己处理。

5.1.3.6　基于 XML 技术构建跨多个网络区域的数据交换规范

XML:即可扩展标记语言,XML 是互联网数据传输的重要工具,它可以跨越互联网任何的平台,不受编程语言和操作系统的限制,可以说它是一个拥有互联网最高级别通行证的数据携带者。XML 是当前处理结构化文档信息中相当给力的技术,XML 有助于在服务器之间穿梭结构化数据,这使得开发人员更加得心应手地控制数据的存储和传输。

XML 用于标记电子文件使其具有结构性的标记语言,可以用来标记数据、定义数据类型,是一种允许用户对自己的标记语言进行定义的源语言。XML 是标准通用标记语言(SGML)的子集,非常适合 Web 传输。XML 提供统一的方法来描述和交换独立于应用程序或供应商的结构化数据。

1. XML 的特点

(1)XML 与操作系统、编程语言的开发平台都无关。

(2)实现不同系统之间的数据交互。

2. XML 的作用

(1)配置应用程序和网站。

(2)数据交互。

(3)Ajax 基石。

在配置文件里边所有的配置文件都是以 XML 的格式来编写的。跨平台进行数据交互,它可以跨操作系统,也可以跨编程语言的平台。

5.1.3.7　基于工作流技术构建水资源调度应用的流程交互框架

工作流(WorkFlow)就是工作流程的计算模型,即将工作流程中的工作如何前后组织在一起的逻辑和规则在计算机中以恰当的模型进行表示并对其实施计算。工作流要解决的主要问题是:为实现某个业务目标,在多个参与者之间,利用计算机,按某种预定规则自动传递。

企事业单位通常采用纸张表单、手工传递的方式,一级一级审批签字,工作效率非常低下,采用工作流软件,使用者只需在电脑上填写有关表单,会按照定义好的流程自动往下跑,下一级审批者将会收到相关资料,并可以根据需要修改、跟踪、管理、查询、统计、打印等,大大提高了效率,实现了知识管理,提升了企事业单位的核心竞争力和信息化管理水平。

5.1.3.8　基于 LDAP 目录服务技术构建三级机构的用户管理

LDAP(Lightweight Directory Access Protocol)轻型目录访问协议是目录访问协议的一种。因此,下面首先介绍什么是目录和目录服务。

目录是一个以一定规则排列的对象的属性集合,是一个存储着关于对象各种属性的特殊数据库,这些属性可以供访问和管理对象时使用,类似电话簿和图书馆卡片分类系统。这里所谈的目录服务是指网络目录服务。目录服务是指一个存储着用于访问、管理或配置网络资源信息的特殊数据库(also called datarepository),它把网络环境中的各种资源都作为目录信息,在目录树结构中分层存储,对这些信息可以存储、访问、管理并使用。网络中的这些资源包括用户、各个应用系统、硬件设备、网络设备、数据、信息等。目录服务是为有效地集成管理网络目录中的信息提供服务,是支持网络系统的重要底层基础技术之一。

目录服务将分布式系统中的用户、资源和组成分布式系统的其他对象统一地组织起来,提供一个单一的逻辑视图,允许用户和应用透明地访问网络上的资源。一个由目录服务支持的网络系统是一个集成的、网络化的、统一的系统,而不是各个独立功能部分的简单聚合。在目录服务系统中,对象可以根据名字或功能、属性访问,而不是根据机器地址、文件服务器名字和 mail 地址等访问。在目录服务的基础上开发的应用,易于使用、功能增强和易于管理,目录信息的共享为应用的开发提供了方便。下一代分布式网络的信息模型和模式是一种基于目录的模型和模式,当进入网络时,是登录到一个基于目录的网络中,而不是登录到某个机器上。

目录服务的基本功能:资源信息的目录式表示、分布存储、资源定位和查找、用户的统一认证、系统资源的统一授权、系统资源信息的共享、系统资源的单点统一管理、安全传输的保证、资源的统一监控等。

5.2　桌面云建设

5.2.1　桌面云与传统 PC 对比

传统 PC 经过很长时间的发展与改进,提供了满足各种需求的最佳组合。但随着业务应用需求的不断深化,在实际应用过程中,传统 PC 存在诸多弊端与不足,其主要体现在以下几个方面:

(1)难以保证非法接入:PC 本地有 USB 口、串口、并口都可以外接设备,没有有效的管理手段,禁止非法设备的接入,存在数据泄密的风险。

(2)难以保证数据的安全:PC 通常是应用系统的客户端,可接收、处理、存储应用系统的数据,若这些数据是企业的关键信息资产,容易使企业关键信息泄露。另外,PC 工作环境下,PC 上保存着员工的智力数据,也是企业资产的一部分。这些数据如何能在 PC 出现故障或文件丢失时恢复,是当前 IT 系统的一个巨大的挑战。

(3)难以管理:面对广泛分布的 PC 硬件,用户日益要求能在任何地方访问其桌面环境,因此集中式 PC 管理极难实现。此外,众所周知,由于 PC 硬件种类繁多,用户修改桌面环境的需求各有不同,因此 PC 桌面标准化也是一个难题。

(4)高能耗、高排放:一台 PC 的能耗在 200 W 左右,每台 PC 个人电脑平均运行 12 h 以上,一台 PC 一年耗电 800 ~ 1 000 kW·h,对于企业上万台规模的 PC 工作环境,一年的耗电量是一个非常惊人的数字。这在当今提倡绿色环保、低碳经济的大环境下,确实是一个巨大的挑战。

(5)资源未能充分利用:PC 的分布式特性使人们难以通过集中资源的方式提高利用率和降低成本。结果,PC 的资源利用率通常低于 5%,远程办公室需要重复的桌面基础架构,移动工作人员可能需要使用复杂的远程桌面解决方案。

(6)总体拥有成本高(TCO):PC 硬件相对较低的成本优势,通常无法抵消 PC 管理和支持工作的高昂成本。目前,PC 管理工作包括部署软件、更新和修补程序等,由于这些工作需要对多种 PC 配置的部署进行测试和验证,因而会耗费大量的人力。同时,由于标准化程度不高,支持人员经常需要亲临现场解决问题,这就进一步增加了支持成本。

疏勒河灌区信息化系统通过建设桌面云,有效解决上述问题。桌面云通过瘦客户端或者其他任何与网络相连的设备来访问跨平台的应用程序,用户的桌面环境都是集中部署在企业的数据中心,本地终端只是一个显示设备而已。桌面云改变了过去分散、独立的桌面系统环境,给用户单位带来了前所未有的办公优势。首先,桌面云加强了工作桌面的安全性。所有的工作桌面和应用数据完全保存在后台,本地终端只是工作桌面影像的显示,拷贝、下载、存盘、非法外设连接等操作都加以管控。其次，通过集中快速地执行桌面的 IT 管理工作，大大提高了 IT 管理效率。安装软件、升级、补丁、恢复、扩展等工作桌面管理都可由后台快速、统一地执行。再次，桌面云真正实现了可移动工作。只要能联网，员工在工作场合以外的任何场合，使用 PC、笔记本、云终端、平板等设备，均可打开自己的工作桌面进行工作。另外，桌面云终端的功耗一般是普通 PC 的 10%，能够大幅降低能耗，实现节能减排。

桌面云主要采用了虚拟化技术，虚拟化包括服务器虚拟化、存储虚拟化、应用虚拟化、桌面虚拟化或终端虚拟化。桌面虚拟化是继服务器虚拟化之后发展起来的一种新技术。在虚拟化环境里，采用瘦终端设备，终端不存数据，不做运算处理，只显示从服务器推送的桌面，所有东西如操作系统、应用软件、文件数据，都放在远端。其主要优势体现在以下几个方面：

（1）减少服务器的数量，提供一种服务器整合的方法，降低初期硬件采购成本。

（2）简化服务器的部署、管理和维护工作，降低管理费用。

（3）提高服务器资源的利用率，提高服务器计算能力。

（4）通过降低空间、散热以及电力消耗等途径压缩数据中心成本。

（5）通过动态资源配置提高 IT 对业务的灵活适应力。

（6）提高可用性，带来具有透明负载均衡、动态迁移、故障自动隔离、系统自动重构的高可靠服务器应用环境，缩短服务器或应用系统的停机时间。

（7）支持异构操作系统的整合，支持原来应用的持续运行。

（8）在不中断用户工作的情况下进行系统更新。

（9）支持快速转移和复制虚拟服务器，提供一种简单便捷的灾难恢复解决方案。

5.2.2 桌面云总体架构

疏勒河灌区信息化桌面云建设，综合考虑性能、成本、绿色、安全等因素，根据桌面云布设原则，购置了 6 台 RH2288HV32U2 路机架式服务器、1套虚拟化平台软件（服务器虚拟化、桌面云软件）、1套分布式存储软件及 160 个瘦终端、1 台华为 S5720 –36C – EI – AC 桌面云服务器区管理交换机、2 台华为 CE6810 – 24S2Q – LI 桌面云服务器区虚拟存储交换机，构建桌面云超融合平台，见图 5-3。

Fusion Access 桌面虚拟化以服务器虚拟化为基础，允许多个用户桌面以虚拟机的形式独立运行，同时共享 CPU、内存、网络连接和存储器等底层物理硬件资源。这种架构将虚拟机彼此隔离开来，同时可以实现精确的资源分配，并能保护用户免受由其他用户活动所造成的应用程序崩溃和操作系统故障所带来的影响。

Fusion Access 采用业界领先的高清保真HDP 桌面协议，并可将授权用户安全连接至集

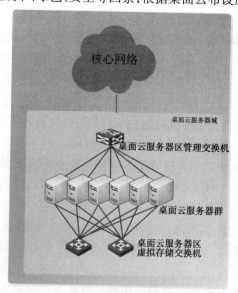

图 5-3　桌面云架构

式虚拟桌面。它与 Fusion Sphere 协同工作，可提供一个完整的端到端桌面虚拟化解决方案，此解决方案不仅能增强控制能力和可管理性，还可以提供与 PC 一致的桌面体验，Fusion

Access 能简化虚拟桌面的管理、调配和部署。用户能够通过 Fusion Access 安全而方便地访问虚拟桌面,升级和修补工作都从单个控制台集中进行,因此可以有效地管理数百个甚至数千个桌面,从而节约时间和资源。数据、信息和知识财产将保留在数据中心内,而且永远不外流。配备 Fusion Access 桌面虚拟化方案具备下列优势:

(1)集控制能力和可管理性于一身:由于桌面在数据中心运行,因此管理员可以更轻松地对其进行部署、管理和维护。

(2)与 PC 一致的体验:用户可以灵活访问与普通 PC 桌面功能相同的个性化虚拟桌面。

(3)降低总体拥有成本(TCO):桌面虚拟化可以降低其管理和资源成本。

(4)Fusion Access 支持 GPU 直通、GPU 硬件虚拟化,使用户远程使用图形桌面成为可能,降低了图形桌面的 TCO。

5.2.3 桌面云主要部件

5.2.3.1 云终端

为用户提供用户桌面的显示输出,以及键盘鼠标输入。瘦终端 TC 或软终端 SC 通过桌面接入网关代理访问对应的桌面,同桌面接入网关之间采用 SSL 加密的 HDP 协议进行信息传递,可以通过策略开放或者禁止 TC/SC USB 等外设至虚拟机的重新定向;用户通过在 TC/SC 上输入域用户名和密码访问对应桌面。

用户在外时,可采用 IOS/Android Pad、笔记本通过 3G/4G、Wifi 网络接入,进行移动办公。

5.2.3.2 负载均衡 & 接入网关

负载均衡 & 接入网关主要提供两个功能:一个是对 WI(Web Interface)节点提供负载均衡;另一个是对虚拟桌面提供接入网关与 HDPOverSSL 加密功能。负载均衡 & 接入网关提供硬件与软件两种形式。

5.2.3.3 桌面软件 Fusion Access

Fusion Access 是华为提供的桌面管理与投送软件,其主要包括:

WI:为用户提供 Web 登录界面,在用户发起登录请求时,将用户的登录信息(加密后的用户名和密码)转发给 HDC,WI 将 HDC 提供的虚拟机列表呈现给用户,为用户访问虚拟机提供入口。在桌面云解决方案,多台 WI 可实现负载均衡。通过在 WI 上配置多个 HDC 的 IP 地址,WI 可实现对 HDC 的负载均衡功能。

HDC(Huawei Desktop Controller):华为桌面控制器(HDC)是桌面云管理系统的核心组件,完成虚拟桌面业务发放、虚拟桌面管理、虚拟桌面登录管理、虚拟机的策略管理等功能。

DB:为 ITA、HDC 提供数据库,用于存储数据信息,例如,虚拟机与用户的关联、桌面组、虚拟机命名规则、定时任务信息。

ITA 节点:为用户管理虚拟 IT 资产提供接口与 Portal 功能,实现虚拟机创建与分配、虚拟机状态管理、虚拟机镜像管理、虚拟桌面系统操作维护等功能。

License 节点:桌面云 License 的管理与发放系统,License 服务器用于控制器接入桌面云的用户数。

TC 管理(TCM):对瘦终端进行集中管理,包括版本升级、状态管理、信息监控、日志管理等。

AD/DNS/DHCP:AD 域控用于用户登录鉴权,DHCP 用于域内 IP 分配,DNS 用于域内计算机名、桌面云登录域名的解析。

5.3　超融合建设

5.3.1　超融合优势

超融合将计算、网络和存储等资源作为基本组成元素,且能够根据系统需求进行选择和预定义,主要实现方式为在同一套单元节点(X86 服务器)中融入软件虚拟化技术(包括计算、网络、存储、安全等虚拟化),而每一套单元节点可以通过网络聚合起来,实现模块化的无缝横向扩展(scale - out),构建统一的资源池。超融合架构在基于底层基础架构(标准的 X86 硬件)上将计算、存储、网络、安全软件化,实现计算虚拟化 aSV、存储虚拟化 aSAN、网络虚拟化 aNet,可按需构建数据中心所需最小资源单元,通过资源池中的最小单元按比例提供数据中心 IT 基础架构中所需的全部资源。超融合主要具有以下应用优势。

5.3.1.1　横向与纵向均可扩展

顾名思义,横向扩展就是当发现存储和计算资源不够用了,按需添加服务器即可。例如,当用户的共享存储写满了,用户不得不花大价钱去购买一个新的存储机柜,然而此时存储机柜的资源利用率是很低的。而使用超融合方案的用户,他们只需要投入较少的费用去购买一个新的服务器加入集群,即可扩展存储空间。

5.3.1.2　便捷提供多副本,提高数据安全

超融合方案可便捷支持 2~3 个副本。当某些服务器损坏时,若采用超融合方案,所需要的数据还会存在对应的副本里,工作还能正常进行。而对比于传统的共享存储,用户想做两个副本时,只好硬着头皮再买一个一模一样的存储设备做备份,增加了不少 IT 投资。

5.3.1.3　分布式存储,拉近计算和存储的距离

传统的共享存储在数据读写时,都需要通过网线或光纤进行数据传输。而超融合分布式的存储在读数据时,基本都是直接读取本地的副本数据,减少数据流经网线或光纤的时间,加快数据读取速度。

5.3.1.4　软硬件一体化,省钱省力省心

超融合方案所支持的软硬件一体化,即用户可以一次性轻松地把云数据中心部署好,其中包括服务器、服务器虚拟化、存储虚拟化等虚拟化软件。通过调研对比发现,不少用户会分开购买硬件和软件,采购成本较高。同时,软硬件一体机在出厂时已将软件植入到硬件当中,并且已经通过兼容测试,用户可直接架到机房,通电并简单配置即可使用。

5.3.1.5　软件定义的平台高可靠、高安全

以超融合打造的分布式 IT 架构,实现平台特性的可编程化,建立从底层数据、平台虚拟机以及到上层应用立体式高可靠、高安全。

5.3.1.6　所画即所得的数据中心

提供"所画即所得"的方式,通过 vSwitch、vRoute、vAF、vAD 等网络设备模板,管理人员通过拖曳鼠标和点击连线,就可快速搭建业务所需逻辑网络。

5.3.1.7　更易向云的平滑演进

以超融合打造的 IT 新基础架构,可支持未来向云数据中心平滑演进,现有 IT 资源和架构无须调整和变更。

5.3.2　超融合架构

5.3.2.1　物理架构

疏勒河灌区信息化系统中对 3 台服务器进行超融合,每台主机配置 4 个千兆网口,3 个万兆网口。其中,使用 2 个万兆网口做存储通信网口,1 个万兆网口做外置共享存储接口,2 个千兆网口做业务网络复用网口。疏勒河灌区信息化系统超融合架构如图 5-4 所示。

5.3.2.2　逻辑架构

疏勒河灌区信息化系统在虚拟网络中使用虚拟应用防火墙,同时结合虚拟的路由器、交换机等,组建出功能完善、策略灵活、管理自由的应用逻辑部署架构,见图 5-5。

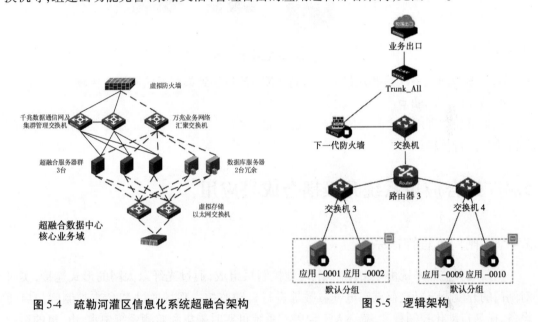

图 5-4　疏勒河灌区信息化系统超融合架构　　　　　图 5-5　逻辑架构

5.3.2.3　基础架构

虚拟化管理平台是超融合基础架构的底层支撑环境,用于创建和运行虚拟机。该管理平台本身是一个基于 Linux 内核的操作系统,需要安装到物理主机上使用。

用于安装虚拟化管理平台的主机均严格按照虚拟化选型的要求进行筛选,每台主机均需安装虚拟化管理平台的操作系统。整体部署路径如图 5-6 所示。

5.3.2.4　网络架构

1.管理通信网络

集群间心跳、配置同步,平台管理,虚拟机克隆、迁移、备份等操作,都是通过管理通信网络来传输数据的。

2.存储通信网络

存储通信网络包括虚拟存储的主机间存储数据同步,以及外置 iSCSI 存储的 IO 数据传输。如果存储通信网络不稳定,可能会导致存储 IO 性能下降,甚至数据不一致。

3.数据通信网络

运行在集群内不同主机上的虚拟机之间通过虚拟交换机进行通信时,产生的跨主机流

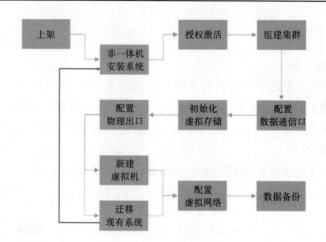

图 5-6　整体部署路径

量,称为"东西向流量",这些流量需要经过 VXLAN 封装到数据通信网络中传输。

4.物理(业务)出口

虚拟机与物理网络之间通信时产生的流量,称为"南北向流量",需要经过虚拟网络的物理出口进行传输。

5.4　综合应用系统升级耦合成果应用

5.4.1　闸门远程控制系统

闸门远程监控系统由集中控制层、现地控制层组成,通过光纤以太网的形式连接,实时对闸门的开度、水位值、荷重和电气参数等进行自动监控。现场通过 PLC 来控制闸门启闭设备,提高自动化控制程度,减小人工误差。系统可实时采集和监测系统中水、电、机的运行参数和状态,实现闸门的就地及远程自动控制。同时生成实时数据库及历史数据库,通过调度中心局域网和互联网实现数据共享。闸门远程监控系统同时接入渠道水位信号和现场视频信号,将水位、流量、视频画面等与闸控系统集中显示在一个软件画面中,使得远方操作更加可视,达到无人值守、统一调度的目标。系统整体界面如图 5-7 所示,闸门空间分布见图 5-8。

5.4.1.1　闸控系统组成

1.系统组成总体情况

闸门远程控制系统以 PLC 为监控核心单元,闸门开度仪采集闸门开度信号,水位传感器采集水位信号,采用以太网通信与局中心通信对闸门进行远程控制,利用交流电源供电。其中现地 PLC 监控单位由本项目二标段承建,通信网络由一标段承建。

2.监控单元

PLC 硬件上集成了电源电路,加强了抗干扰措施,适合工业环境使用。同时,PLC 系统与通用计算机、通信转换单元构成网络,实现信息的交换,并构成"集中管理、分散控制"多级分布式控制系统,满足工业控制系统的需要。因此,本系统采用以 PLC 为控制核心。控制柜体内强电部分和弱电信号部分分开布局布线。

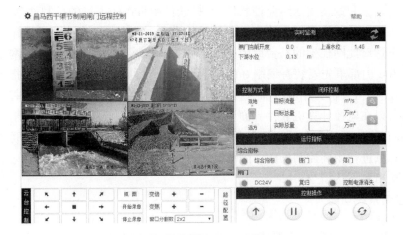

图 5-7　闸门远程控制系统整体界面

图 5-8　闸门空间分布

3.通信方式选择

通信方式分无线通信和有线通信。

有线通信闸门监控站布置在主干渠进水闸、节制闸、泄洪闸、冲砂闸等,无线通信闸门监控站布置在斗渠。

4.供电方式选择

本期工程的闸控站现场都有交流电,采用交流电供电。

5.4.1.2　闸门控制方式

闸门控制方式主要分为两种,包括现地控制和远程控制。

第一,现地控制:现地手动操作为最高优先级,现场控制柜面板上有现地/远程切换按钮,当处于现地控制模式时,操作人员可以通过控制柜面板上操作按钮,或者触摸屏面板功能菜单直接对闸门进行启闭的操作。当电动执行机构的控制方式处于现地操作时,上级的控制干预将被屏蔽。

第二,远程控制:现场监控柜的控制开关置于远程控制的位置时,现场手动按钮和触摸屏均失去控制能力,控制权限转移到远方的管理局信息中心的监控软件上。此时,管理局的监控计算机运行闸门远程监控软件和现场的主控制器 PLC 通过 TCP/IP 网络连接通信,PLC

将现场采集的信息和数据发送给监控软件,监控软件则将操作人员的控制命令下达给 PLC,确定正确无误后方执行指令。在管理局监控系统获得控制权限后,计算机操作员通过监控软件界面上下达对此闸控柜的某台启闭机的启闭操作命令时,控制命令通过网络发送到现场的 PLC。PLC 内部事先安装有编制好的配套监控程序,此程序接收到控制指令后经过一系列判断和校验,再解析为相应的命令控制启闭电机,从而实现闸门启闭远程控制功能。具体实现方法可以在监控计算机软件界面上直接点击鼠标按下按钮,命令现场闸门的升降停,可以预置闸门开度,下达命令后现场控制器自动将闸门调节到这个开度,其次可以通过设置流量或水量总量进行闭环控制操作。闭环控制系统的功能主要由现地控制单元系统实现,远程控制仅输出和下达指令。

5.4.1.3　控制系统功能

1.系统管理

(1)用户登录:通过单点登录系统,登录进入闸门远程控制系统,并获取相应的用户角色权限。

(2)退出登陆:用户完成操作后,若想交出操作权,可执行此项菜单命令。

(3)修改密码:修改登陆用户自己原来设定的操作密码。

2.主控窗口

(1)干渠闸控站、斗渠闸控站地理位置分布图,各站点旁显示水位、闸位实时数据,鼠标可点击选择进入各闸控站具体控制窗口。

(2)闸控站闸位数据、电源信息、闸门上下限、控制方式、通信状态、运行工况等状态集中实时显示。

(3)各闸控站具体控制窗口,由鼠标点击选择打开和关闭,包括闸门的通信状态指示,闸门上限、下限,电源指示等。

(4)闸控站视频监视窗口显示,同时集成视频监控画面于一体,在操作闸门的过程中随时通过视频监视展示闸门的动态变化。

(5)闸控闭环控制,为提高输水效率,现地闸门控制用 PLC 根据调度下发流量自动运行计算闸门开度的运算,同时要减少闸门电机频繁开关,该运算公式需根据水力学公式和现场实际测量数据变化等情况进行计算与试验,不断修正完善优化后得出。该程序嵌套在现地PLC 控制器中,从而实现根据下发流量要求自动计算闸门开度的功能,完成闭环运行。

3.数据管理

(1)数据查询:查询水位、闸位历史数据。

(2)信息维护:对闸门基本信息进行管理维护,对 PLC 的设备信息进行管理维护。

5.4.2　网络视频图像监视系统

网络视频监控系统主要对闸门等重要部位以及各管理所、站、段的机房及重点位置进行实时视频监视,并实现视频的录制、存储和回放。系统界面如图5-9所示。

5.4.2.1　系统功能

(1)远程图像监视:任意一个监控终端经授权,都可监视来自前端摄像机的图像,不受距离限制,只有通信网络和以太网相连,见图5-10。

(2)多点监视一点:多个监控终端可同时监视同一前端,控制权自动协商。采用组播方

图5-9　网络视频图像监视系统界面——视频点分布

图5-10　远程监视界面

式,该路视频码流在网络中只占用1路视频的带宽。

(3)一点监控多点:一个监控终端可同时监控多个前端,即在计算机屏幕上多画面分割显示,且每个画面的图像实时活动。

(4)摄像机预置:可采用带预置功能的摄像机,对于每个要监视的目标,可预先将其方位、聚焦、变焦等参数存入预置位,从而可方便地监视这些目标,也可用这些预置点进行自动扫描巡视。

(5)图像抓拍:可抓拍屏幕上显示的活动图像,存入磁盘或通过打印机输出。

(6)自动巡视:在监控终端上,可选择加入自动巡视的前端、前端摄像机、摄像机预置点,并设定巡视时间,进行自动图像巡视。用户可自由使用单画面、四画面、九画面、十六画面进行端站远程图像监控/安防监控;可进行上下翻页;可针对每个画面分别选择不同端站/同一端站的不同的摄像机。

(7)当前画面可在满屏和正常显示两种方式之间任意切换,一用户同时多点遥视,多用户同时一点遥视,多用户同时多点遥视,用户选择执行轮巡方案;用户可以制订各种完全满足自己工作需要的多个摄像机之间的自动轮巡方案;可设定切换时间;轮巡方案中的摄像机可以是多个端站的。

(8)在自动轮巡过程中,若用户需要关注某个画面,可以对该摄像机进行通道锁定,锁定的通道不参与轮巡,便于用户监视和控制;也可以进行画面锁定,实现图像定格。

5.4.2.2　系统管理

(1)用户管理:用户的增减、用户的授权、用户优先级等,均由系统管理员完成。

（2）系统网管：系统服务器自动进行管理，包括设备在线检测、连接管理、自我诊断、网络诊断等。

（3）系统日志：对于系统中的操作，如系统报警、用户登录和退出、报警布防和撤防、系统运行情况等，都有系统日志记录。

（4）控制权协商：当多个用户同时监视一个前端或同一画面时，为了避免控制混乱，只能有一个用户对前端设备进行控制，这可通过网上自动协商完成或根据用户权限的优先级由高到低实现；当在多个用户监视同一前端时，要改变画面分割方式，也可通过网上自动协商完成。

（5）信息查询：登录用户可查询系统的使用和运行情况，如在线用户名单、前端运行状态、报警信息等。

（6）电视墙功能。

电视墙是监控中心常用的监控设备，由多个大屏幕液晶电视机组成，能够放大监控画面，便于监控人员观看。系统支持将监控画面上传到电视墙上播放。

电视墙功能：可以在客户端进行电视墙的布局配置，并将电视墙和解码器进行绑定，布局中窗口数和解码器播放窗口一致。

支持同时播放多个监控视频：系统支持在电视墙上同时播放不同监控点视频，每台电视机可以对应一个监控点。

支持电视墙手动切换及轮巡切换。

支持告警窗格设置，可指定某窗格为告警窗格，用于显示告警联动画面。

（7）平台录像。

平台事件录像：平台事件录像属于告警联动的一种处理方式。当发生告警事件时，系统根据联动策略启动发生告警的前端设备或其他设备的录像任务，并将录像文件保存到存储设备上，录像时长可由用户自行配置，录像时长结束后便停止事件录像。

事件设置：用户可以自行设置触发录像的事件。可设置的事件包括但不限于视频画面移动、开关量告警、入侵监测。

平台定时录像：用户可以在监控系统中配置任一摄像机录像计划（包括录像开始和结束时间、录像天数），系统根据这些录像计划在指定时间进行平台录像。定时录像功能便于用户进行全天连续录像以及连续在特定时间段内录像。

设置录像时间：用户可以设定定时录像策略，在策略中指定录像开始时间、结束时间，以及录像天数。

设置定时录像的前端设备：用户可以指定定时录像的前端设备。

设置录像空间：用户可以设置录像存储空间的大小。

（8）录像回放/下载。

用户可以在客户端上点播回放监控系统录像，也可以将系统录像文件下载到本地 PC 机上（录像文件格式为 .mp4），然后使用暴风影音播放器进行回放。

①录像标签：支持录像回放时打上标签信息，方便后续检索。

②录像检索：用户可进行事后录像的检索，通过录像可查看之前发生的事件现场视频，实现视频监控事后取证的功能，根据事件、告警的智能检索可提高用户检索录像的效率。

③录像回放：用户可进行事后录像的播放，通过录像可查看之前发生的事件现场视频，实现视频监控事后取证的功能。

④回放控制：支持加快录像文件播放速度，可以将播放速度设置为正常速度的2倍、4倍、8倍、16倍；支持减慢录像文件播放速度，可以将播放速度设置为正常速度的1/2倍、1/4倍；支持回退播放录像文件，可以将播放速度设置为2倍、4倍、8倍、16倍速快退播放；支持单帧播放，每次只播放一帧画面，便于用户观看画面细节。

⑤同步回放：支持8路视频同步回放，可同时回放多个视频录像，并进行同步的录像回放控制（同步快进、慢放、同步跳转到指定时间点等），便于用户进行不同地点的监控视频对比。

⑥录像下载：用户可将平台录像保存到客户端本地便于后续查看或发布，支持正常下载和高速下载。

⑦录像标签：支持实况，录像回放时打上标签信息，方便后续检索。

⑧支持时间轴形式呈现录像检索结果，可明确标识当前时间段是否有录像，哪些是告警录像，哪些是计划录像；可快速定位并播放指定时间点的录像。

⑨数字缩放：通过数字缩放，回放录像时也可实现画面的变倍功能，查看更多的画面细节。

5.4.3　水信息综合管理系统

全面实现灌区斗口、地表水、地下水、泉水、水闸、水库、植被等所有信息的综合显示、查询及管理功能，实现信息化管理"一张图、一个库、一个门户"的目标，信息中心实现监测、监控、调取管理处数据、灌区灌溉及水情统计报表，批复管理处的用水申请等功能；管理处实现灌区范围内监测、监控、调取水管所数据、灌溉及水情统计报表，向信息中心提交用水申请等功能；灌区水管所、段、站作为显示和信息填报、查询、维护终端。系统界面如图5-11所示。

图5-11　水信息综合管理系统界面

水信息综合管理系统的主要业务包括闸门监控、水情监测、视频监视、植被监测、电站监测、试验站监测。系统用网页结合WebGIS平台的形式在灌区网络上发布，采用浏览器/服务器（B/S）架构模式，以电子地图为信息的集中载体，分类叠加和展现各类实时信息和基础信息，实现信息以图、文、表相结合的直观展示。

水信息综合管理系统在结构上分为专业管理和综合管理两部分。专业管理是将闸门监控、水情（包括地下水、地表水）监测、视频监视、植被监测、电站监测、试验站监测地表水资源优化调度系统等涉及的业务数据,采用众多的分析方法、表现手段,通过具有高度互动性、丰富用户体验以及功能强大的数据输出与操作界面,直接向用户展示,使各类业务操作更加便利、稳定。综合管理是根据业务需求将各类监测监控数据统一展示,实现灌区灌溉及水情统计报表统一查询,实现用水申请及批复统一管理等应用。专业管理是综合管理的细化,可满足深层次的业务需求,综合管理是专业管理的概化,可满足一般的管理需求。

5.4.3.1　专业管理功能设计

1. 闸门监视

闸门监视内容包括以下几个方面:

(1)闸门/阀门运行状态。如手动/自动、运行/停止、远方/现地等状态。

(2)闸门/阀门开度信息。如上升、下降、位置等。

(3)设备状态。如启闭状态、行程限位开关状态。

(4)液位。量水堰液位、闸门门后液位。

(5)报警信息。如报警类型、报警时间等。

2. 水情监测

水情监测业务应用系统的总体功能包括地表水(含灌溉用地表水、水库及流域断面、灌区渠道的流量)、地下水、泉水等水情数据实时采集及处理、图表展示、系统监测及报警、数据实时监视及管理、站网管理等,系统需实现的主要功能设计如下。

1)实时采集及处理功能

(1)水情系统能够实时、准确地采集、存储各监测站点的流量、水位信息。

(2)信息中心、管理处都可以对水情数据进行轮巡采集。

(3)系统中心站能实时接收有关信息,并对采集的信息进行校检、纠错、插补,整理成指定时段间隔的时段历史数据,提取各种特征量,根据应用要求自动加工处理、分类存储等。

2)图表展示功能

系统能够显示监测范围内的各水情监测系统的总貌,各监测站点等相关文档与资料、站点分布图、流量管理曲线、水位过程线图等图形信息,同时可以通过选择时段输出表格、报表,利用表格和过程线的方式查看监测数据,在数据超界后弹出报警状态显示窗口等。

3)系统监测及报警功能

(1)水情要素越限监测及报警。

(2)设备故障监测、报警及自检。

(3)设备电源电压异常监测及报警。

(4)支持以屏幕显示等方式输出报警。

(5)报警内容、报警限值、报警方式以及报警对象应均可设置。

4)数据实时监视及管理功能

(1)系统采取丰富专业的图形和表格等形式展示水情实时动态数据。

(2)绘制开发水位—流量关系曲线模型,利用地表水监测点、地下水监测点采集到的水位信息自动实时换算流量信息,并自动生成累加流量信息。

(3)可通过人机对话的方式方便地对资料进行查询、检索、编辑和输出,灵活显示、绘制和打印各类水情图、表。

(4)可进行各类相关数据的对比分析等,如相关特性分析等。

（5）可方便地对数据库进行维护管理。

（6）可方便地对软件功能进行扩充及修改。

5）站网管理功能

（1）水文资料整理整编。

（2）系统站点及设备增减。

（3）系统通信组网的优化调整。

（4）系统自动校时功能。

3.植被监测

确定瓜州西湖、桥子、布隆吉、曙光—黄花营、七墩滩、玉门干海子等六个区域为植被监测区域。系统功能如下：

（1）监测植被覆盖度。

（2）监测植被类型。

（3）植被盖度数据统计与分析。

（4）农田灾害预警。

（5）监测数据录入与存储。

4.电站监测

电站监测功能主要实现对电站的机电设备，即水轮发电机组、主变压器、开关站设备、厂用及公用设备等进行集中监视、人机对话、相关监控事件记录及相关报表管理等。

电站监测主要功能如下：

（1）支持在调度中心对生产设备的监视，通过屏幕显示器实时显示电站主要系统的运行状态，有关运行设备水力参数，主要设备的操作流程，事故、故障报警信号及有关参数和画面。

（2）通过监测监控平台对电站生产管理、状态检修用途的数据进行采集、处理、归档、历史数据库的生成等。

5.试验站监测

甘肃省疏勒河流域地下水综合试验站建于 2002 年 10 月，占地 1 560 m^2，场内设有地下水蒸渗和气象观测设备。系统需实现的主要功能设计如下：

（1）制定综合试验站数据采集的业务流程，提供数据录入功能模块，实现综合试验站数据采集处理。

（2）气象观测数据存储查询，主要包括日照桶、雨量计、蒸发皿、风向风速仪、干湿温度计及低温表数据等。

（3）试验数据存储查询，主要包括疏勒河流域平原区大气降水、蒸发、入渗补给和大气水、地表水、土壤水、地下水相互转换规律观测和灌溉试验数据。

5.4.3.2　综合管理功能设计

1.监控监测数据统一展示

监控监测数据统一展示是对分散在不同载体（文档、图片、表格、数据库、视频）上的信息进行收集、组织、存储，以多种方式向用户提供全面、及时、易用的信息。综合展示支持基于图表等方式，实现各类数据、信息的综合展示与查询。

监控监测数据统一展示的信息主要来自各专业管理功能中的数据库。一部分信息是数据库中的各专业业务的原始信息，一部分信息是各应用系统分析计算的成果信息。监控监测数据统一展示能够集成数据库中的各类信息,并拥有重新组织和加工的能力。

监控监测数据统一展示对各类专题信息进行组织和加工,构建满足用户需求的综合查询、统计分析、空间分析和图像监视等方面的服务功能,并采用可视化手段展现服务内容。主要功能设计如下。

1)实时数据监视

管理人员和业务人员可使用此功能模块以交互的方式查看所需的各类实时数据和系统特征参数等。

2)生产运行曲线

根据用户的业务需求以图表格式显示和打印各类水利行业数据的曲线、指定时段的各类水文参数过程线图等,见图 5-12 和图 5-13。

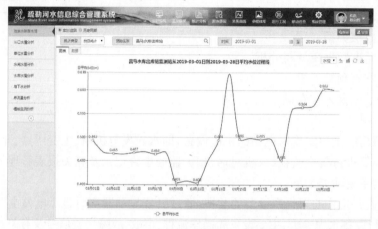

图 5-12　曲线过程线图分析

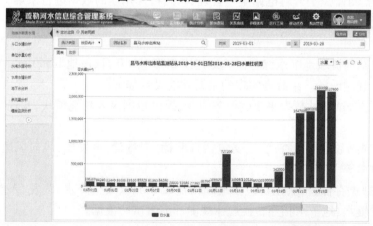

图 5-13　柱状图分析

3)历史数据查询

用户可以利用多种查询组合便捷查询各类监视信息的历史数据,见图 5-14。

4)查询统计及对比分析

各类水情参数(水位、流量、水量)日平均值、旬平均值、月平均值、年平均值、最大值、最小值等特征数据的统计和计算见图 5-15。

图 5-14 历史数据查询

图 5-15 特征数据的统计和计算

5）主要水工建筑物及仪器照片和视频

提供闸门、测站、渠道、大坝、水库等处仪器和建筑物的照片及摄像头实时画面接入。

2. 灌溉水情报表统一查询

灌溉水情报表统一查询提供报表计算功能和编辑功能，实现对报表的调度、打印和管理。报表的数据来源于实时数据、历史数据、应用数据、人工输入及其他报表输出，与实时数据库、历史数据库连接。数据库中数据的改变自动反映在报表中，生成新的报表，每次生成的报表均可以保存。报表必须能够全面支持主流的 B/S 架构以及传统的 C/S 架构，部署方式简单灵活。

系统提供以下功能：

（1）支持用户自编辑报表，无须编程。

（2）提供时间函数、算术计算、字符串运算、水位雨量计算、水头计算、闸门计算、机组计算等函数，能满足各种常规报表计算需要。

（3）报表中可嵌入简单图元，如直线、曲线、矩形、椭圆、位图、文本等。

（4）多窗口多文档方式，支持多张报表同时显示调用或打印。

（5）具有定时、手动打印功能。

（6）编辑界面灵活友好，除普通算术运算外，还应能支持面向业务的计算和统计能力。

3. 用水申请及批复统一管理

用水申请及批复统一管理主要分为用水信息上报、分水方案拟订、分水方案审批等几个阶段。其中，分水方案拟订为后台运行程序，它根据用水需求、水源地供水能力、调蓄水库运行状态及渠道过水能力,制订水量分配方案。申请及批复流程如图 5-16 所示。

流程中各阶段的功能阐述如下:

(1)用水信息上报:用水单位在指定时间内填报用水申请,申请包括年申请、月申请和短期申请。每经过一短周期、一月和一年后填报下一时段的方案,逐时段滚动。

(2)分水方案拟订:供水单位根据用水单位的申请水量、上一周期的供水用水信息,结合水源地可调水量、调蓄水库的运行状态,计算出水量分配的拟订方案。

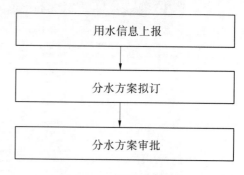

图 5-16　申请及批复流程

(3)分水方案审批:在水量拟分配方案的基础上,经行政部门统筹考虑各方利益并会商决策后,审批形成水量调度的正式调度方案。

流程的执行过程如下:

(1)在调度开始时,用水单位提交用水计划申请。

(2)供水单位接收到用水计划申请后,结合可用水量以及水量分配规则,批复或驳回用水申请,驳回的用水申请可由用水单位修改后再次提交。

(3)供水单位完成所有用水户的水量拟分配方案后,将水量分配计划提交至行政审批,审批后形成正式的调度方案。

4. 水信息综合分析数据库

水信息综合分析数据库建设是水信息综合管理系统建设的关键,大型灌区水利信息数据的多维性和海量性使得综合数据库变得极其复杂,而且灌区现有的各业务系统往往分散部署,数据之间的关系也比较松散,需要对系统建设相关数据进行综合分析。因此,新的水利综合信息数据库以原有的各信息系统数据库为基础,以整个灌区为对象,基于统一的数据模型与技术要求,通过各子系统数据的有机整合,形成灌区水利综合数据库。

主要的数据库有基础数据库、设施设备数据库、实时监测数据库、视频监控数据库、水利相关数据库、办公自动化数据库等。水信息综合分析数据库的结构框架如图 5-17 所示。

5.4.3.3　地表水资源优化调度系统

地表水资源优化调度系统将在原有的三大水库联合调度系统的基础上进行升级改造,并整合原有的斗口水量监测系统,完善成为地表水资源优化调度系统,实现水库水资源调度决策支持和水资源管理。

地表水资源优化调度主要为了更好地完成灌区灌溉用水的调度,实施总量控制,定额管理,实现灌区水资源的合理利用,充分满足城乡生活用水,保障稳定人工绿洲的基本生态用水,基本满足工业用水,公平保障农业基本用水,协调分配其他生态等用水,为实现向西湖自然保护区调水、实现下泄 7 800 万 m³ 的阶段性目标提供强有力的管理支持基础,为流域内水资源合理高效利用和严格的水资源调度管理提供决策依据。地表水资源优化调度系统的主要目标是实现基于疏勒河流域灌区 134.42 万亩的节水灌溉及三大水库联合调度,实现灌区水资源的合理利用。在平水年和丰水年,优化调度以生态效益最大化为目标,在枯水年,优化调度以灌区灌溉缺水程度最小化为目标。根据对以昌马水库为龙头的双塔水库和赤金

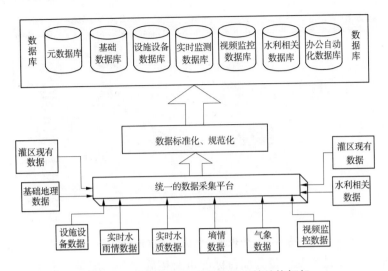

图 5-17　水信息综合分析数据库的结构框架

峡水库来水情况和全流域及灌区用水的分析,综合考虑向双塔水库和赤金峡水库调水以及下放生态用水等因素,产生水库调度方案(包括洪水调度方案和闸门调度方案),合理调配昌马水库向其他两座水库的输水;正确调度和控制各水库泄洪建筑物的启闭,实现地表水的优化调度运行。地表水资源优化调度功能结构如图 5-18 所示。

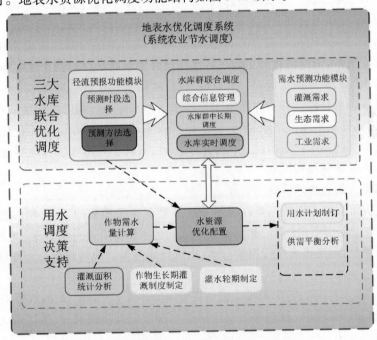

图 5-18　地表水资源优化调度功能结构

1. 水库联合优化调度系统

　　水库联合优化调度系统在疏勒河项目已建设完成,需要根据实际应用需求的变化进行更新改造。地表水资源优化调度系统界面如图 5-19 所示。

　　我国正在实施"最严格的水资源管理制度",对不同流域,区域间的水量分配提出了明

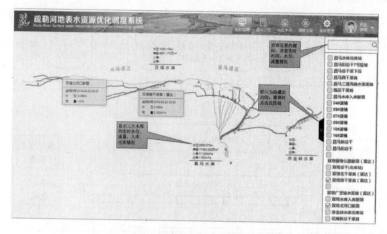

图 5-19　地表水资源优化调度系统界面

确要求,水库联合调度是实现水量分配目标的重要措施之一。疏勒河灌区作为全国水权交易的试点灌区,提高水资源的利用效率、考虑水量分配方案的水库联合调度规则是当前疏勒河灌区重要的现实需求。

相对单库调度而言,水库联合调度系统增加了水库间的调水量,在实际操作中则需要增加调水规则来指导水库调度。调水时机和调水规模是决定调水规则的关键因素,这两个方面的合理确定则依赖于供水系统的目标,即不同的供水目标会生成不同的调水规则。对缺水区域而言,目标是如何合理分配有限的水资源,降低缺水损失系统风险。

针对调水量与调水时机不确定的问题,建立基于供水系统全局风险最小化的多水库联合模拟优化调度模型,全局优化确定满足各水库供水要求的水库群调水规则和供水规则,并优化确定调水水库的最大调水规模,最后根据优化规则及调水规模进行水库调度计算,进而求出各计算时段调水量以及各水库区用水户供水量。水库联合调度模型从缺水区域风险最优化的角度,优化确定水库供水限制线、调水控制线和调水水库的最大调水规模,模拟各时段实际调水量和不同用水户供水优先次序的供水量,实现了多水库联合调度,提高了灌区水资源利用的最大保证率和利用效率。

2. 用水调度决策支持子系统

用水调度决策支持子系统则是在满足灌区日常业务管理基础之上,制订合理的调水计划,利用该系统生成不同用水部门和灌溉渠系之间的水资源合理分配方案,对不同的水资源配置方案进行评价,供决策者进行决策分析,以辅助实现灌区水资源的合理配置和灌区水资源的可持续利用。

系统内置多套水利调度模型,可模拟或仿真管网的各种工况状态,可根据管网压力、水厂或加压泵站出水流量、泵组运行状态等信息给出供水调度辅助决策建议,供调度人员作为决策参考。

系统同时可发布远程调度指令,可给调度分中心、泵站管理处等下达即时调度命令。根据水库入库径流过程和用水过程,把水库的整个调度期,按旬划分为若干个时段,以水库的蓄水量或蓄水位和入库水量作为状态变量,以水库放水量或电站出力或发电量作为决策变量,分别按缺水量最小和发电量最大作为目标函数建立多阶段确定性动态规划数学模型。首先按缺水量最小进行一次优化调度,在此优化基础上,再按发电量最大进行二次兴利优化,最后得到水库优化调度决策值。在实际调度中,可按年调度、多年调度两种方案进行。

　　用水调度决策支持子系统可划分为需水分析模块、水资源优化配置模块、灌溉用水计划制订及分析模块。系统具体功能见图 5-20 ~ 图 5-22。

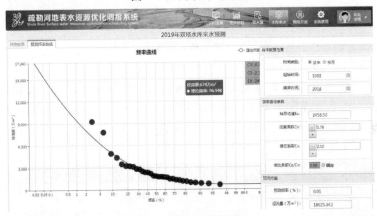

图 5-20　用水计划界面

图 5-21　水库来水预测界面

图 5-22　调度方案水量平衡分析

　　3. 地下水监测系统

　　地下水监测系统研究地下水与地表水的交替转换规律。通过分析疏勒河三大灌区地下水动态变化趋势,为建立科学合理的地下水开采统一管理机制提供理论依据。通过研究地下水与地表水转换动态变化规律,并研究地下水系统影响生态环境的机制,分析和预测昌马灌区、双塔灌区和花海灌区环境动态发展趋势,提出若干地下水控制开采的方案和建议,对地下水预测系统研究成果的推广应用及其产生的经济效益进行评价,为疏勒河流域生态环境的保护和地下水资源可持续利用开展基础性工作。研究疏勒河流域地下水与地表水的转换规律,有助于流域生态评价的完成。该部分内容主要包括疏勒河流域的不同区域的地表水、地下水的分布情况的展示;根据地表水流量监测、人工利用水量的监测、地下水的埋深监测及泉水监测,动态展示疏勒河流域的地表水、地下水资源的开发利用的分布情况。地下水监测系统总界面见图 5-23。

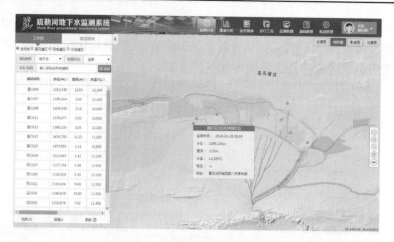

图 5-23　地下水监测系统总界面

地下水监测系统功能包括如下：

（1）地下水位监测。根据 5 日监测井监测数据，分析区域地下水位，划定地下水功能区，并适时调整。地下水埋深小于 3 m 划为可开采区，3～5 m 划为限制开采区，大于 5 m 划为禁止开采区。查询单井水位、区域水位、功能区范围。同时，增加地下水位多年对比分析功能，显示地下水埋深变化趋势，见图 5-24。

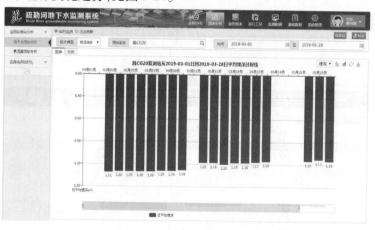

图 5-24　地下水埋深趋势分析

（2）地下水可开采量计算。根据地下水位和区域面积，计算地下水各功能区地下水可开采量和取水时段，具体到用水户（协会）。

（3）地表水对地下水补充量计算。根据地下水位和实际开采量，确定需要对地下水补充的地表水量，保持地下水位在 3～5 m。

（4）完成流域三大灌区的地表水、地下水转换关系的分析功能；针对流域内三大灌区（昌马灌区、双塔灌区、花海灌区），分别定量分析灌区在当前流域开发背景下及新规划条件下的地表水与地下水的转换关系的变化。

1）地下水及泉水监测

《最严格水资源管理制度实施方案》明确要求要强化地下水管理和保护，加快地下水动态监测站网工程建设，实行区域地下水开采总量和地下水位双控制，建立地下水位预警机制。

当前,疏勒河灌区地下水监测站网密度偏低、分布不均、种类不全、功能单一、不能满足水资源管理、水环境和水生态保护以及经济社会发展的需要。在新形势下,要根据最严格水资源管理制度的要求,结合地下水监测工作实际和水资源管理需求,积极做好地下水监测站网规划,调整优化地下水监测站网,加强水源地、漏斗区、超采区、限采区、受水区、地面沉降区、污染区地下水监测,逐步使站网布局合理,功能齐全,监测项目合理,设施先进,符合地下水开采总量控制、水量分配、地下水管理、水资源保护和供排水管理要求,建立能科学同步监测地下水位、开采量、水温等水文资料的地下水监测网,达到灌区监测的全覆盖。

地下水监测主要由水位、水温传感器、遥测终端机、电源及通信设备等设备构成。泉水监测主要是对泉水的流量进行监测并实时传输至灌区管理中心。地下水监测信息界面见图5-25。

图 5-25　地下水监测信息界面

2)地表水与地下水的转换模型

根据地表水与地下水转化关系建立转化模型,确定地下水的补给量、地下水径流量及地下水排出量等。其中,地下水补给量主要由河水渠系入渗量、雨洪入渗量、灌溉下渗量及侧向补给量等组成,通过地下水位监测及补给量预测地下水的径流量,地下水排水量主要由人工开采量及泉水排出量等组成。

通过野外勘察获得地下水和地表水的水位、河床沉积物的渗透系数,利用达西定律计算确定地下水排泄到地表水或地表水补给地下水的水量,建立地下水运移模型,结合疏勒河灌区整体的水资源优化调度原则,分析灌区水循环机制,准确评价地下水合理的水资源开发量和改善灌区水生态环境。

5.4.3.4　综合效益评价系统

综合效益评价系统将根据植被、地下水监测数据,实现对生态、经济、社会等多方面的数据进行分析、统计与评价功能。

1. 生态效益评价

生态效益评价主要是通过分析地表水、地下水、泉水、植被等监测数据,对流域范围内的生态效益进行评价。生态效益评价模块由生态监测和生态分析评价两部分组成,生态监测包括植被监测、地表水监测、地下水监测、沼泽湿地绿洲监测等,生态分析评价则包括生态效益评级、生态恢复需水量分析、重点生态目标需水量分析、城镇及农村人工生态需水量分析等内容，如图5-26所示。

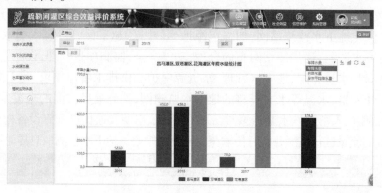

图5-26　生态效益评价界面

2. 经济效益评价

经济效益评价即统计全流域范围内国民生产总值、灌区作物经济指标、灌区耗水量、分析用水结构是否合理。该部分主要内容包括灌溉效益、发电效益、城市供水效益、工业供水效益等综合效益。功能实现见图5-27。

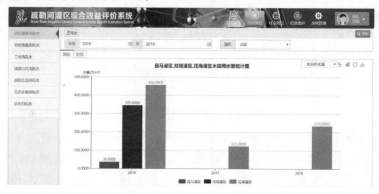

图5-27　经济效益评价界面

3. 社会效益评价

社会效益评价是评价水资源的利用所产生的社会影响及效应。功能实现见图5-28。

5.4.3.5　办公自动化系统

办公自动化系统的建设将有效降低人力、物力和精力的消耗，降低办公成本，减轻日常办公压力，实现网上办公、移动办公，根据领导批示草拟文稿并能及时得到提示，随时随地处理事物，有效加快办文流程，提高办公效率，加大灌区管理透明度，确保流程的精细化、管控的精细化和运作的严谨性。该系统牵扯处（室）多，内容涉及面广，细节连贯琐碎，程序复杂交叉，需各处（室）紧密配合，按照基本框架完善各自需求，确保系统的可操作性和实效性。系统总界面见图5-29。

1. 各处室工作流程

各处室工作流程就各处（室）办文、办会和办事流程简要描述如下：

（1）公文处理。按照办文流程，每个环节办完签批手续后，系统自动提示，由下一个环

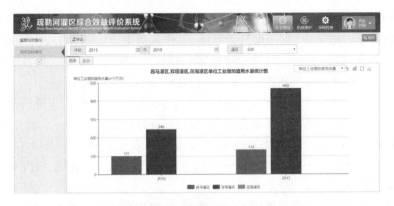

图 5-28　社会效益评价界面

图 5-29　办公自动化系统总界面

节领导在网上审核签批文件,在网上呈现花脸稿和个性化签名。

①办公室内部办文流程:文秘科根据局领导批示草拟文稿→办公室主任签注意见→呈报分管局领导审核或签发→呈局长签发→文秘科安排校对,排版打印→发文并归档。

②机关各处(室)办文流程:处(室)草拟文稿→处(室)负责人初核→文秘科复核→办公室主任复审→分管局领导审核或会签→局长签发→文秘科安排校对,排版打印→发文并归档。

③来文处理流程:收文登记→主任签注拟办意见→传阅签批→按签批意见翻印,转发或处理→按时限督办文件→办结归档。

以上文件办结后,系统自动归类存档。未办结的显示文件办理进度信息。所有办文流程,党政办公室全程跟踪督办,主办处室仅能看到本处室办文的进度,以便催办。

(2)办会流程。

①党委会议:文秘科按照主任安排草拟议题→办公室主任审核→党委书记审核→办公室通知会议→召开会议→形成会议纪要或记录(存档)→通知相关处(室)执行会议决定。

②局务会议:处(室)提出会议申请→办公室汇报分管局领导→请示局长→同意开会→办公室通知会议→召开会议→形成会议纪要或记录(存档)→通知相关处(室)执行会议决定。

③专题会议:有关处(室)提出会议申请→办公室汇报分管局领导→请示局长→同意开会→办公室通知会议→召开会议→形成会议纪要或记录(存档)→通知相关处(室)执行会议决定。

以上办会流程,办公室要能全程跟踪督办,建立固定模板发出会议通知,参会单位接到通知后,及时(提前一天)反馈参会人员名单并形成会议签到册,方便准备会议材料,桌签等。

（3）考勤管理。建立PC端考勤打卡软件,工作人员上下班必须打开PC端直接打卡汇报考勤情况。出差或临时外出,可通过手机客户端打卡,并说明原因。每月底汇总考勤,考勤员、办公室主任和分管局领导签字,报人事处备查,核发工资和绩效。

（4）车辆管理。现有车辆信息全部录入系统,办公室可直接查看车辆的保险、维修和运行状态等信息;派车人员根据派车情况,随时登记车辆外出运行情况。车辆外出信息要注明出发地、目的地、出发时间、返回时间、行驶里程、乘坐人员信息等。

（5）固定资产管理。记录机关固定资产信息,包括购置时间、价值、报废年限等信息,反映低值易耗品的库存状态。

①人事处:反映全局在册干部职工在岗情况、招聘工和临时工用工情况、考勤情况;反映干部职工职称、职务等信息;反映新增和退休人员动态。

②规划计划处:反映工程建设项目申报、立项、设计、审核、可研等进度,统计报表的上报等。

③财务处:反映年度预算报表和预算执行情况,如水费、电费和财政拨款等各类费用的收、支进度情况,以统计图显示;局领导可根据进度掌握收、支详细进度。

④水政水资源处:反映各灌区地表水水权权限及实际用水现状;反映河道采砂审批现状分布图,反映水流产权权属关系;反映生态用水供给现状等。

⑤工程建设管理处:反映流域骨干水利工程现状;反映近5年改建和在建骨干工程,河道归属工程,生态治理项目及病险水闸、水库维修加固工程项目进度情况。

⑥灌溉管理处:反映用水计划及执行情况;反映水量报表和各灌季灌溉进度情况;反映防汛抗旱领导机构、责任人、预案和防汛物资、车辆、队伍准备情况;反映防汛值班点、重点防汛地段等情况(平面图);反映水量调度指令及执行情况。

⑦综合经营处:反映公司隶属示意图等情况;反映各级公司运转和收支状态。

⑧驻兰州办事处:反映驻兰州办事处工作职责、出差人员入住情况和在干部职工考勤情况。

⑨纪委:反映工作动态。

⑩工会:反映品牌活动创建情况和主要工作动态。

⑪团委:反映品牌活动创建情况和主要工作动态。

⑫昌马灌区管理处:反映主要业务工作动态和党建精神文明建设工作推进情况(责任清单);反映副科级以上干部考勤情况。

⑬双塔灌区管理处:反映主要业务工作动态和党建精神文明建设工作推进情况(责任清单);反映副科级以上干部考勤情况。

⑭花海灌区管理处:反映主要业务工作动态和党建精神文明建设工作推进情况(责任清单);反映副科级以上干部考勤情况。

⑮水库电站管理处:反映主要业务工作动态和党建精神文明建设工作推进情况(责任清单);反映副科级以上干部考勤情况。

2.办公自动化系统网络框架构建

网络框架由16个子模块组成。其中,机关处(室)12个子模块,基层4个子模块,模块相互链接构成全局办公自动化系统网络框架。子模块的功能不仅要有通用功能(公文处理、工作进度统计、数据汇总报送等),也要根据各处(室)不同需求建立个性化功能(内部报表、内部讨论交流等)。子模块不仅内部独立,也要与网络框架链接,各模块之间有不同的操作权限。党政办公室建立子模块的同时,建立一个综合模块(界面平台),局领导和办公室主要负责人可通过相应的权限,随时查阅其他子模块的数据信息。

3. 系统的完善与优化

基本网络框架建成后,需要完善的环节、细节还较多,各处(室)必须在实际应用过程中要进行不断的总结,在操作中发现缺陷和问题,逐项逐步进行完善优化。考虑到终端用户操作水平的差异,建议设计开发单位在界面设计方面注重操作的简便性和稳定性。

5.4.3.6　工程维护管理系统

根据管理处的管理体制、调度运行方式的特点,结合应用的实际需求,以工程运维管理业务的工作流程为主线,从业务需求分析入手,借鉴目前国内外同类系统开发经验,便于工程实施操作和有利于管理维护的原则,为进一步提高工程管理水平,促进信息化系统更好地服务于实际工作。

工程维护管理系统包括基础信息管理、文件档案管理、设备资源管理、生产运行管理、维修养护管理、安全应急管理。

1. 基础信息管理

提供渠道、闸门等工程的设计指标、技术参数、缺陷及其养护处理设施状态、鉴定评级、工程建设和加固改造情况、工程大记事等信息进行分类管理,方便查询、增加、修改。

提供地图和表格两种方式对平台管理的各项工程基本信息进行统一管理,默认以地图的方式进行展示,可以通过按钮进行切换至表格。地图底图使用天地图,并提供卫星图、交通图等不同类型的地图,用户也可自定义选择管理范围、保护范围、标识标牌、界桩等图层的开关,并提供用户包括测距、鹰眼等地图基本功能。

2. 设备资产管理

(1)设备编码。设备编码系统的建立可以更好地对水工及机电设备对象进行统一标识和管理,通过制定合理的、科学的和规范的设备编码,可以方便各种信息的传递与共享。软件功能如下:

①支持设备的树形结构管理。

②通过设备编码能与管理责任人进行挂钩,系统中进行对照查询。

③支持设备编码与备品备件等的关联使用。

(2)设备台账。主要记录和提供各种必要的设备信息,反映设备的基本情况以及变化的历史记录,提供管理设备和维护设备的必要信息。它的功能主要包括建立设备所需各个方面的台账,如设备基本信息、设备重要参数、备品备件定额等,便于进行设备的运行信息、检修信息、变更信息等方面的综合分析,也为日常设备的管理和检修提供相应的依据。

软件功能如下:

①设备基本信息登记、设备技术规范登记、设备重要事故登记、设备运行情况登记、设备异动情况登记、设备备件登记、查询设备台账等功能。

②设备台账管理能够根据用户的岗位和身份的不同,提供不同的查询功能。从而实现设备台账查询、设备位置查询、设备维修录。

(3)备品备件。备品备件管理与设备台账关联,可以随时调用在设备台账中针对某具体备品备件的所有信息,并做到相应的分析判断。其功能是为设备管理提供必要的备品备件库存信息,将备品备件和材料的入库、领用进行规范的流程化管理。

3.文件档案管理

文件档案管理模块包括制度管理、操作手册管理、档案管理。该模块主要以文档浏览和表格两种方式进行展现。

1)制度管理

能够管理各种制度、规程、办法,方便办公人员随时查看,了解相关的制度。提供各个制度、规程的分类添加、修改、删除的操作界面;提供查询界面,方便管理人员分类查询各种制度和规程。

2)操作手册管理

对供水工程管理过程中的各项操作手册进行统一管理。

3)档案管理

电子档案管理对标准化运行管理平台中的全部电子档案提供统一的查询、上传、下载,编辑修改的功能;电子档案管理包含工程技术档案管理和年度数据整编文档管理。

(1)具有完善的档案管理制度,在统一界面发布。

(2)支持分门别类归档。

(3)支持档案信息的检索。

(4)电子档案按照不同的密级进行分类。

4.生产运行管理

1)运行日志

围绕管理单位的"运行交接班制"集中规范管理运行岗位的值班记录,供管理人员查询了解设备运行管理情况,实现运行交接班管理及相关日志记录、统计、查询等功能。

软件功能如下:

(1)记录值班期间主要的运行事件、主要设备运行情况及关注指标参数,交接班时会将上一班次关注的设备的状态自动取到本班。

(2)与两票数据关联,当发生执行两票业务时,应记录相关运行日志,从而保证了运行日志与两票相关联,便于运行人员跟踪监督。

(3)记事查询。可查询往期日志。查询方式支持模糊查询,查询的结果按时间顺序排序分栏显示。

2)调度管理

调度管理模块能够根据接收到的工程运行调度指令,按照相关规定自动提供可供选择的调度方案,并能够记录、跟踪调度指令的流转和执行过程。软件功能:提供调度指令记录、查询、统计界面。水量调度包括常规调度和应急调度,两者应分开编号并详细记录调度内容;水量调度应记录调度单编号、发令单位、发令人、发令时间、指令内容、接收单位、接收人等内容,系统应支持基于发令时间的查询。调度单已执行签章后,不能编辑和删除,系统支持基于调度信息多条件查询功能。

3)操作票管理

操作票是指在工程运行管理中进行电气操作的书面依据,操作票的管理包括操作票模板录入、填写、执行、检查等环节。软件功能如下:

(1)各种典型操作,可根据不同的操作任务,制定格式相对固定的操作任务票,应包含编号、操作任务、操作时间、操作顺序、发令人、受令人、操作人、监护人等,支持编号、操作任务、操作时间、操作人、监护人等的查询功能。

(2)水闸运行记录应符合《水闸运行规程》(DB/T 1595—2010)中水闸启闭记录表的规定,记录水闸流量、闸高调整的记录,以及每次操作的时间、操作人、监护人。

4)值班管理

值班管理系统以自动化的模式将值班人员的值班记录统一管理,保障值班事务的规范化和标准化,为工程稳定运行提供基本保障。值班管理的业务流程为值班人员信息管理、生成排班表、值班记事填报(与运行日志共享数据)等阶段。软件功能如下:

(1)值班人员管理。对值班人员的姓名、部门、联系方式等基本信息进行统一维护和管理。

(2)排班管理。对选定的值班人员,按照指定规则生成排班表,排班的结果可人为修改。该值班表生效后,排班的结果不可修改。

(3)交接班管理。根据设定的交接班时间会自动弹出交接班提醒,交接班完成后,接班人员会收到交接班必读提醒,该功能显示本班次人员需要注意的调度规定、前后班次、交接内容等信息。

5.维修养护管理

1)工程检查

工程检查模块能够按照渠道、渡槽、闸门、水库等的日常检查、定期检查、不定期检查要求,实现检查表的填写、审核和自动生成检查报告。软件功能如下:

(1)能够在线填报经常检查、定期检查、特别检查等记录;提供按照时段、工程、管理所等进行单条件或者组合条件查询。

(2)具体实现内容和要求如下:工程巡检:反映检查的内容、时间、线路要求,按照固定表式填写,查询存在问题及处理流程。软件功能包括信息填报、流程监控、报表生成、查询。定期检修:以单座工程为单位,按照固定表式填写、查询。同时,形成检查报告。软件功能包括信息填报、流程监控、报表生成、查询。隐患管理:对检查发现的设备和建筑物等工程隐患进行登记,并反映处理流程。软件功能包括信息填报、流程监控、报表生成、查询。隐患治理模块主要对隐患登记,反映按流程管理情况,并根据整改结果进行统计。

2)工作票管理

实现工作票的自动开票和自动流转。在开票时,根据情况允许用户对工作票进行执行、作废、打印等操作。软件功能如下:

(1)工作票模板中包含标准的安全措施,操作票模板包括了危险点分析,方便调用。

(2)工作票与设备关联,按设备查询工作票结果。

3)预算管理

以预算管理为控制手段,全过程管控设备日常维护和检修工作,提高设备检修资金利用率;实现成本管理,使管理者实时掌控单位设备管理的费用发生情况,提高设备维护的经济性。

软件功能如下:

(1)预算编制方面:满足单位内部的费用、资金审批和预算限额要求;预算可以按月度、年度进行分解和管理。

(2)预算执行方面:对物资采购、费用报销等费用发生的关节节点进行监控,可实时掌握预算总额、已发生费用、剩余费用、占用百分比。

(3)预算分析方面:按部门、预算项目对预算执行情况进行分析。

4）项目管理

维修养护管理模块能够对每年的所有工程的维修、养护项目进行管理，方便进行查询统计。能够对每年的维修养护项目的立项批复、实施方案、实施过程、验收等过程管理。

软件功能：作为维修，养护项目信息管理的工作平台，各个管理站工作人员通过这个平台管理设备，建筑物的维修、养护信息。具体功能包括：维修、养护项目的信息管理，包括基本信息、实施过程信息、验收信息。对维修、养护项目的管理过程进行管理，包括计划申报、项目批复、实施方案、变更批复、中间验收、竣工验收等。能够按照年份、时间段等多种条件进行统计检索，检索结果可以链接维修、养护项目的过程记录，实施结果记录。

6. 安全应急管理

1）安全台账

安全生产管理模块能够对全局的所有工程的安全生产情况进行管理，方便查询统计。需要管理的信息包括组织机构、管理网络、安全台账、培训记录、安全检查及存在问题处理记录、事故处理等。

2）预案管理

软件功能：收录各管理单位历年防汛、防火、防冻预案，反事故预案。提供管理平台、管理处和管理所的相关负责人可以填写各种预案。以时间、预案种类进行检索。

3）预警发布

为提高设备运行的安全性和经济性，预先设定各种参数的报警值；当设备参数超限时向技术人员报警。软件功能如下：

（1）超限数据的预警功能，及时提醒相关运行人员。

（2）提供超限统计历史数据查询，并可以生成报表，有利于技术人员分析发生超限原因，找出设备的易损点。

4）应急响应

应急预案可以由信息化系统自动执行，或由人工执行（调度值班人员通知驻地人员执行）；系统对预案的执行进行跟踪，及时将处理的数据提取反馈，调整动作，进行处理；责任人可以直接通过手机获取抢险指令。在行进和抢险过程中，指挥人员通过系统实时了解抢险队伍行进的路线，根据需要进行调度、增援，实现可视化指挥。

提供管理平台，管理单位相关负责人可以进行应急事件的处置情况记录。可以按管理单位、单座工程、时间进行分类检索。

5.4.3.7 移动应用及微信平台

1. 移动应用

1）总体框架

移动应用系统可以实现将现有 Web 信息系统在移动端的延伸和拓展。利用无线通信网络，在手机、平板等智能手持设备上提供随时随地的信息查询、展示。解决传统办公模式下信息获取的时空限制问题，无论是在外出差或是现场调研指挥，通过移动终端应用系统都能进行信息的及时获取，为管理人员的日常工作和应急决策提供快捷、便利和全面的信息支撑，辅助增强决策的合理性和科学性。系统总体框架如图 5-30 所示。

2）网络结构图

计算机网络采用超融合技术搭建，对电站等重要网络利用隔离网闸进行强隔离。移动

图 5-30　系统总体框架

应用服务端通过外网络由向公网发布服务,移动端可以通过无线局域网络(WLAN)和移动通信网络(3G/4G)获得服务。利用网络、移动基站、GPS 卫星获得定位。

　　3)业务功能

　　(1)登录页面。提供用户登录的接口,让系统的服务端识别终端的身份。考虑到移动巡检工作实际中面临的网络信号不良中断等问题,提供离线运行的模式,保证系统除实时数据查询部分的内容外能够正常地启动和运行。

　　(2)主页。对系统的所有功能进行分类和导航。移动巡检系统主页展示了运行监视、水资源调度、视频监控、工程管理、工程巡查、关注站点、信息通知、系统管理等部分的内容,见图 5-31。

　　(3)主页滑动菜单。在主页向右侧滑动屏幕会弹出主页滑动菜单,列出登录用户的信息,以及用户经常使用的操作的快捷按钮。

　　(4)每日报告。在移动端每天以简报的形式汇总当前的信息,显示包括今日天气预报、设备运行情况、重要站点的实时流量及昨日供水量等。简报的内容及格式可定制、定期发送时间可选择,格式如下:供水实时流量每日报告格式:×月××日,总干总进水流量×.×m³/s。供水量每日报告格式:×月××日,总干总日供水量××m³。

　　(5)运行监视。按照工程渠系进行分类、分专业监视和查询,包括实时水位、流量、闸阀门开度等,见图 5-32。

　　如果有报警产生,服务端会立即以短信、信息通知等方式推送到值班人员的手机上,点击信息通知,可以查询的预警的详细信息。

　　水情数据的分类分专业查询,提供如下定制展示方式:

　　①渠供水的实时流量柱状图、日供水量柱状图、月供水量柱状图、供水百分比饼图等。

　　②闸后水位实时监视列表。

　　③闸门开度实时监视列表。

　　④各斗农口供水的实时流量柱状图、日供水量柱状图、月供水量柱状图;提供水情的图

表查询,提供对单站站号、站名、指定起止时间的水位、流量过程图形、柱状图及表格显示。

（6）水量调度。在移动终端设备上能调用查看水量调度相关业务的过程查询。主要查询信息内容如下：

①审批后的用水计划,分为年、短期计划。

②调度计划的查询。

③水量统计查询,进行工程全线及各分水口的输水量查询。

（7）视频监控。在移动终端设备上能调用查看视频监控系统实时视频画面,能够进行云台控制、图片抓拍、能进行视频录像的回放。

（8）工程管理。提供运行日志的查询,通过运行日志的查询,使运管部门负责人能对在运行值班期间的重要事项进行知会与查看。日志查询主要针对记录值班期间的运行事件、设备运行情况及关注指标参数、调度指令的下发与执行情况、检修维护记录等,全面跟踪全线供水运行实况。

（9）工程巡查。站点巡查模块的主要功能,巡检人员根据巡检任务巡检路线。在现场拍摄上传站点的图片、上报位置坐标信息,以及保存上传巡查记录,对于发现的隐患信息进行及时上报处理。

（10）指挥调度。根据指挥调度中心的调度指令,当前登录移动应用的人员目前需要执行的任务,当前的总任务流程信息。有服务端推送过来的消息时,会以通知的方式显示在移动终端。信息通知就是查看由服务端推送过来的接收到的历史消息。人员在现场,拍摄上传站点的图片、上报位置坐标信息,以及保存上传任务的执行情况记录。现场人员手持移动手机终端,通过4G移动网络可以将现场的情况以照片、视频等方式发回中心。

（11）通知公告。有服务端推送过来的消息时,会以通知的方式显示在移动终端。信息通知就是查看由服务端推送过来的接收到的历史消息。由服务端进行操作,分为任务通知、调度指令和系统消息通知等。

（12）应急通信查询。展示相关防汛工作的责任人,查询联系人详细信息。点击详细信息中的联系方式可直接通过手机实现拨号。可以根据部门小组名称、人员姓名等信息进行查询。

图 5-31　移动应用主页界面

图 5-32　运行监视界面

（13）资料查看。实现手机端查看预案、简报、档案、法律法规等相关资料,可以下载到本地保存。

（14）气象信息。接入气象部门发布的天气预报、卫星云图等数据内容,在手机端进行展示。

4）系统安全

（1）登录管理。对所有用户的登录和手机端 App 用户进行管理。

（2）用户权限管理。可通过设定不同的权限,来保证系统的数据安全性。通过结合相关协议的自主开发来实现权限管理:①基于用户的权限管理;②基于用户组的权限管理;③基于访问时间的权限管理;④对以上几类访问的组合。

2. 微信平台

1）总体框架

（1）J2EE 开发体系。

系统采用 J2EE 开发体系,Java 端基于定制的基础开发框架,采用 SSH,数据采集基于一体化数据采集平台,见图 5-33。

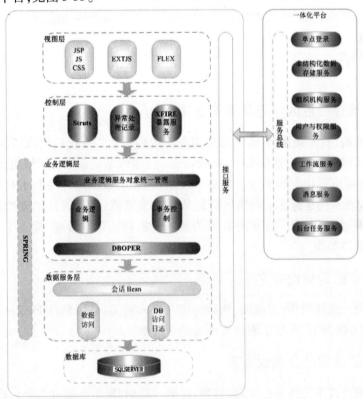

图 5-33 J2EE 开发体系

（2）微信开发体系。

微信开发体系见图 5-34。

2）系统功能设计

整个系统功能主要围绕:对各类水雨情、水量、设备监控运行等数据的实时及历史数据查询、展示;展示有表格、曲线、柱状图等多种展示方式,其他有告警信息、办公咨询、文化建设宣传等个性服务静态文本推送。主要功能如下:

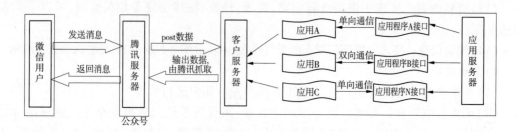

图 5-34　微信开发体系

（1）信息查询。水位、雨量的综合类比柱状图查询等。

（2）信息服务查询。主要是对各类水雨情、大坝监测、闸门开度等数据的越限值，进行告警推送。

（3）办公咨询。分为建议留言、局宣传、通讯录、工程概况。

（4）后台配置。提供数据查询、信息服务、办公咨询等的后台配置界面，能够针对后期不同的项目实际情况，灵活配置增加测点、静态文本、工程信息等功能。

5.5　小　结

5.5.1　升级耦合后灌区信息化系统总体架构

基于数据架构、技术架构、SOA 和企业服务总线构建软件系统的集成框架、JavaEE 技术体系构建插件式信息自动化软件系统、WebService 技术体系完成软件系统服务发布与管理、GIS 技术完成各项信息在空间平台上的集中展示、企业级数据库产品和水利数据模型构建数据中心、XML 技术构建跨多个网络区域的数据交换规范、工作流技术构建水资源调度应用的流程交互框架和 LADP 目录服务技术构建三级机构的用户管理，建立了升级耦合后灌区信息化系统总体架构。

5.5.2　灌区桌面云建设方案

通过对桌面云总体架构、云终端、负载均衡与接入网关、桌面软件 Fusion Access 等云布设内容、技术与方法分析，提出了灌区桌面云建设方案。

5.5.3　灌区信息超融合建设方案

通过对超融合技术优势分析，结合物理、逻辑、基础和网络等超融合架构特点，提出了灌区信息超融合建设方案。

5.5.4　灌区综合应用系统升级耦合成果应用

基于闸控系统组成、闸门控制方式和控制系统功能的闸门远程控制系统、网络视频图像监控系统和基于专业管理功能设计、综合管理功能设计、地表水资源优化调度系统、综合效益评价系统、办公自动化系统、工程维护管理系统、移动应用及微信平台等方面的水信息综合管理系统，提出了灌区综合应用升级耦合成果。

参 考 文 献

[1] 闫祖良,张展羽,朱新国,等.基于 RBF 神经网络马尔可夫模型的降水量预测[J].节水灌溉,2010(11):1-3.

[2] 柴福鑫,邱林,谢新民.灌区水资源实时优化调度[J].水利学报,2007,38(6):710-716.

[3] 陈静.基于 GIS 的灌区水资源管理信息系统研发[D].杨凌:西北农林科技大学,2008.

[4] 陈守煌,李庆国.一种新的模糊聚类神经网络及其在水资源评价中的应用[J].水利学报,2005,36(6):662-666.

[5] 陈岚,詹全忠.水利信息安全管理平台研究与应用[J].水文,2011,6(31):67-85.

[6] 陈子丹.水利信息化工作中若干问题的探讨[J].水利信息化,2012(2):1-6.

[7] 陈文伟.决策支持系统及其开发[M].2 版.北京:清华大学出版社,2000.

[8] 陈兴,程吉林,朱春龙,等.大型灌区管理信息系统的研究与开发[J].灌溉排水学报,2006,25(2):53-57.

[9] 程帅.基于智能算法与 GIS 的灌溉水资源多目标优化配置[D].吉林:中国科学院东北地理与农业生态研究所,2016.

[10] 程帅,豆明珠,刘照,等.三维 GIS 在灌区管理中的应用[J].水资源与水工程学报,2015(6):230-235.

[11] 程帅,张树清.基于系统性策略的灌溉水资源时空优化配置[J].应用生态学报,2015(1):321-330.

[12] 程帅,张兴宇,李华朋,等.遥感估算蒸散发应用于灌溉水资源管理研究进展[J].核农学报,2015(10):2040-2047.

[13] 方晶,吴青,初秀民,等.基于多功能航标的长江水文信息采集系统研究[J].通信息与安全,2010,6(28):53-56.

[14] 顾世祥,袁宏源,李远华,等.决策支持系统及其在灌溉实时调度中的应用[J].中国农村水利水电,1998(8):17-19.

[15] 郭玲,刘大猛.信息安全系统技术与应用[J].电脑开发与应用,2011,10(24):43-45.

[16] 何春燕.灌区水情自动测报系统研究与应用[D].新疆石河子:石河子大学,2008.

[17] 何新林,郭生练,盛东,等.土壤墒情自动测报系统在绿洲农业区的应用[J].农业工程学报,2007,23(8):170-175.

[18] 黄东,李海彬,徐林春,等.广东省水利普查数据库与信息管理系统设计[J].水利普查,2012(22):60-61.

[19] 黄强,晏毅,琵荣生,等.黄河干流水库联合调度模拟优化模型及人机对话算法[J].水利学报,1997(4):56-61.

[20] 黄显峰,邵东国.我国灌区信息化建设面临的若干问题与对策[J].水资源保护,2005,2(21):69-71.

[21] 惠磊.疏勒河灌区现代化建设初步构想[J].中国水利,2018(21):54-56.

[22] 蒋秀华.地下水信息管理系统的设计与开发[D].南京:河海大学,2006.

[23] 姜陆海,郑方方,刘旭,等.信息系统安全统一监管平台设计[J].数字技术与应用,2012(7):161-164.

[24] 李金冰,方蜻,刘怀利,等.安徽省水利信息化建设现状及发展建议[J].水利自动化,2011(8):9-10.

[25] 李萌.黄河水量调度管理系统的建设目标与系统结构[J].水利信息化,2012(17):49-52.

[26] 李晓辉,刘建印.GIS 在灌区信息化中的应用[J].新农村,2010(6):216-217.

[27] 李诩,张文渊.浅论我国水利信息化发展现状及主要技术问题[J].四川水利,2007(2):2-5.

[28] 林跃翔,邱样锋,沈在鑫.基于协同管理的水利信息化研究[J].测绘科学,2007(1):286-299.

[29] 林丽.新疆玛纳斯河流域水资源管理信息系统的开发及其应用研究[D].乌鲁木齐:新疆农业大学,2016.

[30] 林向阳.基于嵌入式的灌区用水监测与信息接收系统研究[D].杨凌:西北农林科技大学,2010.

[31] 刘建军.疏勒河灌区水利信息化建设实践与展望[J].水利规划与设计,2018(10):12-14.

[32] 刘敏,袁明道,李春雨,等.东莞市水利信息采集系统设计[J].人民长江,2007,2(38):23-26.

[33] 刘钮,Pereira L S.气象数据缺测条件下参照腾发量的计算方法[J].水利学报,2001,32(3):11-17.

[34] 刘杰.石羊河流域水资源管理信息系统的研究与开发[D].北京:中国农业大学,2006.

[35] 刘海燕,王光谦,魏加华,等.基于物联网与云计算的灌区信息管理系统研究[J].应用基础与工程科学学报,2013(2):195-202.

[36] 卢摩,田富强,胡和平,等.基于遗传算法和GIS技术的灌溉决策支持系统[J].水利水电技术,2002,33(7):27-30.

[37] 马建琴,张振伟,邱林.水量订单制度下黄河下游灌区水资源实时分配模型及管理软件开发[J].干旱地区农业研究,2009,27(2):163-168.

[38] 马乐平,易善祯,严冬,等.基于WebGIS的灌区水资源管理信息化方法与实现[J].水电能源科学,2010,28(8):137-139.

[39] 马力.中型灌区末级渠系建设管理现状与改进建议[J].水利工程,2011(8):42-43.

[40] 孟辉,孟丽,杨伟铭.基于ArcIMS的城市水资源管理信息系统的设计与实现[C]∥第七届ArcGIS暨ERDAS中国用户大会论文集.北京:地震出版社,2006:805-810.

[41] 牛犇,解建仓,罗军刚,等.水资源动态配置在水利信息化中的实现及应用[J].水利信息化,2011,6:16-21.

[42] 潘峥嵘,张浩,朱翔,等.基于GPRS的灌区水资源监控系统设计与实现[J].计算机测量与控制,2011,19(12):2958-2960.

[43] 齐玉峰.基于COMGIS的水资源动态管理信息系统研究[D].太原:太原理工大学,2006.

[44] 乔长录,刘招,获菩.基于COMGIS和Matlab的径惠渠灌区灌溉决策支持系统[J].干旱地区农业研究,2010,28(3):31-36.

[45] 任军,赵倩.基于新疆南岸干渠工程闸门自动化监控系统设计[J].黑龙江水利科技,2010,1(38):45-48.

[46] 任洪艺.灌区信息监测与优化调度系统研究[D].杨凌:西北农林科技大学,2010.

[47] 邵玲,林剑辉,孙宇瑞,等.农田土壤含水率与坚实度快速信息采集系统[J].农机化研究,2007(2):83-86.

[48] 瑚兴艺.水情信息采集系统可靠性模型分析[J].水文,2002,5(22):47-50.

[49] 孙才志,林学钰.降水预测的模糊权马尔可夫模型及应用[J].系统工程学报,2003,18(4):294-299.

[50] 孙芳.干旱灌区灌溉管理信息系统研究与应用[D].武汉:华中科技大学,2007.

[51] 孙栋元,金彦兆,胡想全,等.疏勒河流域中游绿洲生态环境需水研究[M].郑州:黄河水利出版社,2017.

[52] 孙红江,赵静,王蕾.信息安全系统的建设与管理分析[J].通信电源技术,2012,6(29):77-78.

[53] 宋妮,孙景生,王景雷,等.气候变化对长江流域早稻灌溉需水量的影响[J].灌溉排水学报,2011,30(1):2428-2432.

[54] 宋松柏.灌区数据库管理系统(IDMS)的研究[D].杨凌:西北农林科技大学,1993.

[55] 苏志军,汤巧英,吴国伟.灌区信息系统设计与研究[J].农业科技与装备,2010,194(8):57-58.

[56] 唐斌.基于GIS的南水北调中线河北省受水区水资源管理信息系统研究[D].郑州:华北水利水电学院,2007.

[57] 汤巧英.灌区自动化监控和管理信息系统设计与实现[D].杭州:浙江工业大学,2009.

[58] 王宝忠.基于GIS灌区基础信息系统设计与实现[D].武汉:长江科学院,2007.

[59] 王光亮.灌区OAS中邮件系统的设计和实现[D].武汉:华中科技大学,2012.

[60] 王明新,李继伟,刘俊民,等.基于RS和GIS的灌区需水量预报系统研究[J].人民黄河,2010,32(4):91-92.

[61] 王开春.以太网技术在闸门自动化系统中的应用[J].自动化与仪表,2009(5):15-17.

[62] 王坤,汪晓岩,蔡世龙,等.嵌入式 Web 服务器在中小水电信息采集系统中的应用[J].水电自动化与大坝监测,2006,6(30):49-52.

[63] 王力,王兴坡,关林.闸门自动化监控系统在板桥水库中的应用[J].河南水利与南水北调,2012(10):10-11.

[64] 王山山,朱亮,龙振华.对我国大型灌区信息化建设中几个问题的研究[J].农村经济与科技,2010(6):138-139.

[65] 王昱.灌区计划用水管理信息系统的设计与实现[D].杨凌:西北农林科技大学,2007.

[66] 王先甲,唐金鹏,李长杰,等.玛纳斯河灌区分水配水灌区管理系统[J].干旱区资源与环境,2006,20(4):127-132.

[67] 王小笑.基于 WebGIS 的江西省水资源管理信息系统的研究与实现[D].南昌:南昌大学,2009.

[68] 夏辉宇,孟令奎,李继园,等.环境减灾卫星数据在黄河凌汛监测中的应用[J].水利信息化,2012(2):20-23.

[69] 肖建华,郭钰.区信息化系统集成方案研究与实现[J].水利信息化,2010(4):64-68.

[70] 肖汉.抚顺市水资源管理信息系统预测子系统研究[D].沈阳:沈阳农业大学,2006.

[71] 徐冬梅.灌区水资源实时调度研究与应用[M].郑州:黄河水利出版社,2007.

[72] 许景辉,何东健.基于 GPRS 的小型水文信息采集系统研究[J].水力发,2007,2(33):19-21.

[73] 许维明,尉飞新.上海防汛信息采集系统遥测组网实用化研究[J].水利信息化,2011(6):64-67.

[74] 阎苗渊.基于 GIS 的灌区水资源管理信息系统研究[D].郑州:郑州大学,2013.

[75] 杨平富,丁俊芝,李赵苯.漳河灌区信息化建设管理现状与对策[J].人民长江,2012,8(43):112-115.

[76] 杨斌.组件式 GIS 技术在流域水资源管理信息系统中的应用研究[D].乌鲁木齐:新疆农业大学,2006.

[77] 叶剑锋,刘小勇.基于 GIS 技术的地下水管理系统研究[J].水土保持研究,2011,18(3):247-251.

[78] 余达征.江西水文数据库系统研究[D].南京:河海大学,1990.

[79] 张莉,张平生,刘钢,等.灌区水量信息采集系统组成及其终端功能[J].现代农业科技,2011(3):46-49.

[80] 张卫华.基于 SMM32 的灌区监测系统的研发[D].杨凌:西北农林科技大学,2013.

[81] 张晶.基于 WebGIS 的河南省赵口灌区管理信息系统[D].郑州:郑州大学,2012.

[82] 张弘刚,王虹,徐东晶.水文和水资源领域 GIS 应用综述[J].吉林地质,2013,32(1):129-132.

[83] 赵玉芹.石家庄市水资源监控管理系统设计与实现[D].郑州:华北水利水电学院,2007.

[84] 赵九洲.基于 Android 的灌区管理信息系统研究[D].郑州:郑州大学,2012.

[85] 朱艳.大型灌区水情测报自动化控制系统的设计应用研究—以新沮塔城喀浪古尔大型灌区为例[D].乌鲁木齐:新疆农业大学,2012.

[86] 纵岗,沈鹏.我国灌区信息化建设中存在的问题与对策[J].湖北水利水电职业技术学院学报,2010(11):28-30.

[87] 纵岗,沈鹏,陈栋,等.我国灌区信息化建设存在的问题与对策[J].农村经济与科技,2010(6):136-137.

[88] Alizadeh H, Mousavi S J. Stochastic order-based optimal design of a surface reservoir-irrigation district system[J]. Journal of Hydroinformatics, 2013, 15(2): 591-606.

[89] Allen R G, Pruitt W O, Wright J L, et al. A recommendation on standardized surface resistance for hourly calculation of reference ETO by the FA056 Penman-Monteith method[J]. Agricultural Water Management, 2006, 81(1-2): 1-22.

[90] Anwar A A, Ul Haq Z. Genetic algorithms for the sequential irrigation scheduling problem[J]. Irrigation Science, 2013, 31(4): 815-829.

[91] Backeberg G R. Innovation through research and development for irrigation water management[J]. Irrigation and Drainage, 2014, 63(2): 176-185.

[92] Belaqziz S, Mangiarotti S, Le Page M, et al. Irrigation scheduling of a classical gravity network based on the covariance matrix adaptation—evolutionary strategy algorithm[J]. Computers and Electronics in Agriculture,2014, 102: 64-72.

[93] Breunig M, Zlatanova S. 3D geo-database research: Retrospective and future directions[J]. Computers & Geosciences,2011, 37(7): 791-803.

[94] Brumbelow K, Georgakakos A. Determining crop-water production functions using yield-irrigation gradient algorithms [J]. Agricultural Water anagement,2007, 87(2): 151- 161.

[95] Cagnina L, Esquivel S, Coello C A C. A particle swarm optimizer for multi-objective optimization[J]. Decision Engineering, 2005, 32(4): 193-262.

[96] Cetinkaya C P, Fistikoglu O, Fedra K, et al. Optimization methods applied for sustainable management of water-scarce basins[J]. Journal of Hydroinformatics,2008, 10(1): 69-95.

[97] Cheng G, Li X, Zhao W, et al. Integrated study of the water-ecosystem-economy in the Heihe River Basin [J]. National Science Review,2014, 1(3): 413-428.

[98] El-Magd I A. Improvements in land use mapping for irrigated agriculture from satellite sensor data using a multi-stage maximum likelihood classification [J]. International Journal of Remote Sensing, 2003,24(21): 4197-4206.

[99] El-Magd I A. Remote Sensing and GIS in Irrigation Water Management Improved Image Processing and Geographic Information System Techniques for Improved Water Resources Management [M]. VDM Verlag: Dr. Muller, 2009.

[100] Kosuth P. Application of a simulation model (SIC) to improve irrigation canal operation: examples inPakistan and Mexico [R]. Water-Reports -FAO, 1994:241-249.

[101] Malaterre P O, Baume J P. SIC 3.0. a simulation model for canal automation design [J]. Regulation of Irrigation Canals, 1997(6):68-75.

[102] Martin B, William N, Ylli D. Development and application of simplified asset management procedures for transferred irrigation systems[J]. Irrigation and Drainage Systems, 2003,17(1/2): 87-108.

[103] Mohamed D, Madiha D, Mona El-Kady. GIS-based groundwater management model for western Nile Delta [J]. Water Resources Management, 2005,19(5): 585-604.

[104] Morari F, Griardini L. Estimating evapotranspiration in the padova botanical garden[J]. Irrigation Science, 2001, 20(3): 127-137.

[105] Muhammad Y S. Water resources management by stochastic optimization a case study of Indus Basin Irrigation system [M]. VDM Verlag:Dr. Muller, 2010.

[106] Ray S. Estimation of crop evapotranspiration of irrigation command area using remote sensing and GIS [J]. Agricultural, 2001,20(8):127-137.

[107] Richards Q D B M. Hydrologic: An irrigation management system for Australian cotton [J]. Agricultural Systems, 2008,98(1):40-49.

[108] Smout I K, Gorantiwar S D. Performance assessment of irrigation water management of heterogeneous irrigation schemes: a case study[J]. Irrigation and Drainage Systems,2005, 19(1): 37-60.

[109] Thompson P, Dept UOFF. Agricultural field scale irrigation requirements simulation:the modified AFSIRS Program for drought impact analysis [M]. Florida: Gainesville, 1991.

[110] Wardlaw R, Barnes J. Optimal allocation of irrigation water supplies in real time[J]. Journal of irrigation and Dranage Engineering, 1999(6):346-354.